O ARCO-ÍRIS DE FEYNMAN

LEONARD MLODINOW

O ARCO-ÍRIS DE FEYNMAN

O encontro de um jovem cientista com um dos maiores gênios de nosso tempo

SEXTANTE

Publicado originalmente com o título:
Feynman's Rainbow: A Search for Beauty in Physics and in Life

Publicado em acordo com a Warner Books, Inc., Nova York, NY, EUA.

tradução
Claudio Figueiredo
preparo de originais
Valéria Inez Prest
revisão
José Tedin Pinto
Sérgio Bellinello Soares
projeto gráfico e diagramação
Futura
capa
Victor Burton
foto da capa
Christopher Sykes
fotolitos
R R Donnelley
impressão e acabamento
Bartira Gráfica e Editora S/A.

CIP-BRASIL CATALOGAÇÃO-NA-FONTE
SINDICATO NACIONAL DOS EDITORES DE LIVROS, RJ

M681a

Mlodinow, Leonard, 1954-
O arco-íris de Feynman
/ Leonard Mlodinow ; tradução de Claudio Figueiredo. – Rio de Janeiro : Sextante, 2005.
il. ;

Tradução de: Feynman's rainbow
ISBN 85-7542-152-2

1. Mlodinow, Leonard, 1954-. 2. Feynman, Richard Phillips, 1918-1988. 3. Físicos – Estados Unidos – Biografia.
I. Título.

04-3456. CDD 925.3
CDU 929:53

Editora Sextante (GMT Editores Ltda.)
Rua Voluntários da Pátria, 45 – Gr. 1.404 – Botafogo
22270-000 – Rio de Janeiro – RJ
Tel.: (21) 2286-9944 – Fax: (21) 2286-9244
E-mail: atendimento@esextante.com.br
www.sextante.com.br

Para Donna Scott

AGRADECIMENTOS

Sou grato a Jamie Raab, da Warner Books, por acreditar neste livro, e a Les Pockell e Colin Fox, meus editores na Warner, por seu inestimável apoio e brilhantes sugestões, sem falar no trabalho duro que tiveram; a Susan Ginsburg, por seus conselhos, estímulo, amizade e, acima de tudo, por sua fé em mim; a Michelle Feynman, Eric Wilson, Mark Hillery, Matt Costello, Erhard Seiler, Fred Rose, Annie Leuenberger e Stephen Morrow, por sua energia, apoio e amizade; a Donna Scott, por seu amor e amizade; e ao bar Five Spot, no Brooklyn, onde sempre fui tolerado de forma bastante simpática enquanto ruminava, debruçado sobre algumas cervejas, a respeito do significado da física e da vida.

"Assim se manifestou um homem honesto; o maior intuicionista de nossa era e o mais perfeito exemplo do que pode conseguir quem quer que tenha coragem de remar contra a corrente."

– Julian Schwinger, ganhador do
Prêmio Nobel de Física, no obituário
dedicado a Feynman na *Physics Today*,
em fevereiro de 1989.

Prefácio

A cada ano, menos de oitocentos americanos obtêm Ph.D. em física. Provavelmente, o número é ainda menor em qualquer outro país. Mesmo assim, é dentro desse estreito círculo que nascem as descobertas e inovações que dão forma ao modo como vivemos e pensamos. Dos raios X, lasers, ondas de rádio, transistores, energia atômica – e armas atômicas – a nossas idéias a respeito do espaço e do tempo e da natureza do universo, tudo isso teve origem com esse grupo de indivíduos esforçados. Ser um físico significa ter potencial para mudar o mundo. Implica também partilhar uma história e uma tradição que inspiram orgulho.

Para um físico, os anos mais importantes são aqueles da faculdade e da fase imediatamente posterior. É a época em que ele se define e constrói a sua carreira. Este livro é sobre o período que vivi logo após a minha formatura, em 1981, quando estava no Instituto de Tecnologia da Califórnia, o Caltech, um dos centros de pesquisa mais importantes do mundo.

Minha experiência ali foi diferente daquela que a maior parte dos alunos costuma viver. Cheguei ao Caltech sentindo-me meio perdido e um tanto intimidado. Estava inseguro a respeito da minha própria capacidade e com uma visão estranhamente indefinida sobre o futuro. Também tive a sorte extraordinária de ganhar uma sala na outra ponta do corredor onde ficava o escritório de um dos maiores físicos do século – Richard Feynman. Foi ele quem, em 1986, quando trabalhava com a comissão que investigava as causas da explosão do ônibus espacial Challenger, mereceu manchetes no mundo inteiro ao resolver o mistério do anel defeituoso, encharcando a peça de borracha em água gelada e batendo com ela na mesa para mostrar que havia se tornado quebradiça. O episódio era puro Feynman: a vitória do senso comum sobre modelos projetados em computador, o triunfo do insight sobre as equações. Na percepção do grande público, Feynman, a partir de sua morte, em 1988, transformou-se no Einstein dos tempos modernos. Em 1981, ele era totalmente desconhecido fora do mundo da física, ainda que nesse meio fosse considerado uma lenda viva havia décadas.

Recebi uma bolsa de estudo porque minha tese de doutorado – sobre teoria quântica em dimensões infinitas – atraíra a atenção de alguns físicos famosos. Será que aquele era mesmo o meu lugar, com dois ganhadores do Prêmio Nobel de Física no fim do corredor e os melhores estudantes do país à minha volta? Semana após semana, eu ia para a minha sala e ficava considerando as grandes questões da física ainda em aberto. Não me ocorria nenhuma idéia. Tinha certeza de que meu trabalho anterior não passara de um golpe de sorte e que nunca mais voltaria a descobrir nada importante. De repente, compreendi por que o Caltech apresentava uma das mais altas taxas de suicídio entre as universidades de todo o país.

Certo dia criei coragem para bater à porta da sala de Feynman e, para minha surpresa, constatei que era bem-vindo. Ele tinha acabado de se submeter à segunda cirurgia na tentativa de conter o câncer que terminaria por matá-lo. Conversamos muitas vezes ao longo dos dois anos seguintes e tive a oportunidade de fazer-lhe algumas perguntas, por exemplo: como posso saber se tenho as qualidades necessárias? Como um cientista pensa? Qual a natureza da criatividade? Da boca desse cientista famoso, quase no fim de sua vida, ouvi as respostas que eu procurava para compreender a natureza da ciência e dos cientistas. Mais do que isso, porém, descobri uma nova maneira de encarar a vida.

Este livro conta a história do meu primeiro ano no Caltech, começando no inverno de 1981. Em certo sentido, é uma narrativa sobre um jovem cientista tentando encontrar seu lugar no mundo e do físico famoso, já em idade avançada e com os dias contados, cuja sabedoria lhe foi de grande ajuda. Mas é também a história dos últimos anos de Richard Feynman, de sua rivalidade com outro físico ganhador de um Nobel, Murray Gell-Mann, e dos primórdios da teoria das cordas, hoje a principal teoria nos campos da física e da cosmologia.

Embora este livro conte uma história, ele não é um romance. Tomei notas e gravei muitas das conversas que tive com Feynman porque fiquei impressionado. Os trechos em destaque são baseados nessas anotações e nas transcrições de algumas dessas discussões. Tudo o que descrevo aconteceu comigo. Mas reorganizei e alterei alguns fatos e modifiquei determinados nomes para relatar melhor minha experiência – isso não se aplica às figuras históricas e àqueles cujos trabalhos discuto: Feynman, Murray Gell-Mann, Helen Tuck, John Schwarz, Mark Hillery e Nick Papanicolaou.

Expresso meu reconhecimento ao Caltech por ser um lugar capaz de estimular e encorajar os que se dedicam às pesquisas e por ter, durante tanto tempo, depositado confiança em mim. Sou especialmente grato ao falecido Richard Feynman pelas muitas lições de vida que me ofereceu.

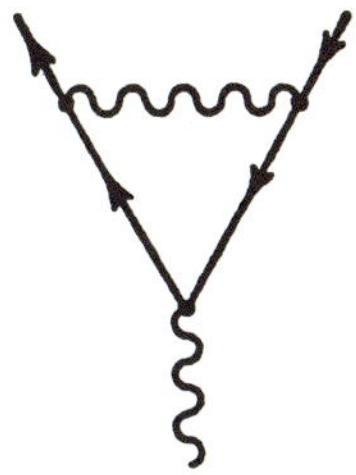

1

Em um edifício de cimento cinzento em Pasadena, na Avenida Califórnia do campus do Caltech, marcada por filas de oliveiras, um homem magro com cabelos longos entra no seu escritório de aparência modesta. Alguns estudantes, vivendo neste planeta há menos de um terço do tempo de vida desse professor, param na entrada e ficam olhando. Ninguém pensaria em dizer alguma coisa se ele tivesse decidido não ir à sua sala naquele dia. Mas nada seria capaz de mantê-lo afastado, especialmente aquela cirurgia, cujos efeitos ele não mais permitiria que perturbassem sua rotina.

Lá fora, um sol intenso atinge em cheio as palmeiras, porém não se trata mais do sol do verão, capaz de ressecar as plantas. Os montes ao redor se destacam, com o marrom agora dando lugar ao verde e a sua vegetação renascendo com a chegada do inverno, uma estação mais amena. O professor deve ter imaginado quantos ciclos de marrom-verde-marrom ainda presenciaria, pois sabia que tinha uma doença que acabaria por matá-lo. Ele amava a vida, mas acreditava na lei da natureza, e não em milagres. Quando, no início de 1978, aquele tipo raro de câncer foi detectado, ele procurou ler algo a respeito. Os casos em que se observava uma sobrevida de cinco anos não chegavam a dez por cento. Absolutamente ninguém sobrevivia mais de dez anos. Ele estava no seu quarto ano.

Cerca de quatro décadas antes, quando era quase tão jovem quanto os estudantes que agora o rodeavam, ele enviou uma série de artigos à *Physical Review*, uma publicação de grande prestígio. Os textos incluíam pequenos e estranhos diagramas, que representavam um novo modo de pensar a respeito da mecânica quântica, uma abordagem menos formal do que a linguagem matemática habitualmente usada pela física. Ainda que poucos se declarassem convencidos de seu novo enfoque, Feynman chegou a pensar em como seria divertido se um dia aquela publicação acabasse coberta pelos seus diagramas. O que se viu mais tarde foi que o método que eles refletiam se revelou não apenas correto e útil, como revolucionário. Naquela mesma época, no final de 1981, seus diagramas eram encontrados por toda parte nas páginas da *Physical Review*. Tornaram-se tão famosos quanto diagramas podem ser. E, da mesma forma, ele era tão famoso, pelo menos no mundo da ciência, quanto um cientista pode ser.

Nos últimos anos, o professor vinha se dedicando a um novo problema. O método que formulara no seu tempo de estudante obteve enorme sucesso quando aplicado à teoria conhecida como eletrodinâmica quântica. Trata-se da teoria sobre a força eletromagnética que governa, entre outras coisas, o comportamento dos elétrons em sua órbita em torno do núcleo. Esses elétrons comunicam aos átomos suas propriedades químicas espectrais (as cores de luz que eles emitem e absorvem). Por esse motivo, o estudo desses elétrons em particular e do seu comportamento é conhecido como física atômica. Contudo, desde a época em que o professor ainda era estudante, os físicos haviam feito enormes progressos em um novo campo chamado física nuclear. Indo além da estrutura eletrônica dos átomos, esse campo da física estuda as interações potencialmente mais violentas entre prótons e nêutrons dentro do núcleo. Ainda que os prótons estejam submetidos à mesma força eletromagnética que governa o comportamento dos elétrons atômicos, essas interações são dominadas por uma nova força que é muito maior do que a força eletromagnética. É denominada, de modo bastante apropriado, de "força forte".

Uma nova e ambiciosa teoria havia sido criada para descrever a força forte. Ela apresentava semelhanças com a eletrodinâmica quântica e recebeu um nome que refletia essa correspondência: cromodinâmica quântica (apesar da raiz da palavra – *chromo* –, ela nada tem a ver com a cor da maneira como a conhecemos). A cromodinâmica quântica oferecia uma precisa descrição quantitativa dos prótons e nêutrons e das partículas a eles ligadas, assim como da sua forma de interagir – de que maneira se ligam uns aos outros e se comportam durante as colisões. Mas como seria possível extrair descrições desses processos com base na teoria? Em princípio, se podia aplicar a abordagem formulada pelo professor, mas isso dava margem a complicações de ordem prática. A cromodinâmica quântica já havia alcançado algumas vitórias; porém, para muitas situações, ninguém, nem o professor, sabia como usar seus diagramas ou qualquer outro método para obter predições numéricas precisas. Os chamados "teoricistas" nem sequer conseguiam calcular a massa do próton – uma quantidade considerada básica e que fora medida de forma acurada pelos "experimentalistas" havia bastante tempo.

O professor imaginava que, talvez com os meses ou anos que lhe restavam na Terra, ele fosse capaz de realizar algum progresso com relação ao problema da cromodinâmica quântica, considerado o mais importante naquela época. Para criar a energia e a vontade necessárias a esse esforço, ele disse a si mesmo que o que faltava a todos os outros que durante tantos anos fracassaram ao atacar o problema eram certas qualidades que ele mesmo possuía. Quais eram elas? Disso Richard Feynman não tinha muita certeza, talvez o caráter excêntrico das suas abordagens. Fossem quais forem essas qualidades, elas lhe haviam sido de grande valia – ele recebera um prêmio Nobel, mas pode-se até argumentar que bem merecia dois ou três, tendo em vista a amplitude e a importância das descobertas revolucionárias que marcaram sua carreira.

Enquanto isso, em 1980, a centenas de quilômetros ao norte dali, em Berkeley, um homem muito mais jovem enviou alguns trabalhos em que apresentava uma nova visão para tentar resolver velhos mistérios da física atômica. Seu método oferecia respostas a problemas difíceis, mas também continha uma armadilha. No mundo que ele vinha explorando em sua imaginação, o espaço tem um número infinito de dimensões. É um mundo em que não há apenas os conceitos de para baixo/para cima, direita/esquerda e para a frente/para trás, mas uma série incontável de outras direções. Seria possível dizer algo de útil sobre nossa existência tridimensional estudando um universo como esse? E a aplicação desse método poderia ser estendida a outras áreas de estudo, como o campo, mais moderno, da física nuclear? A abordagem se revelaria promissora o suficiente para que esse estudante fosse recrutado pelo Caltech e ganhasse uma sala no mesmo corredor em que Feynman estava instalado.

Certa noite, depois de receber a proposta de emprego no Caltech, me lembrei de como, anos antes, tinha ficado deitado na cama imaginando como seria o dia seguinte, o meu primeiro dia na escola de segundo grau. O que me preocupava, mais do que qualquer outra coisa, eram as aulas de educação física e o fato de ter que tomar banho na frente de todos aqueles garotos. Na verdade, ficava realmente apreensivo com a possibilidade do ridículo. Também no Caltech me sentiria exposto. Em Pasadena, eu não teria um conselheiro da faculdade nem um orientador, apenas minhas próprias respostas para os problemas mais difíceis que os melhores físicos poderiam apresentar. Para mim, um físico que não produzisse idéias brilhantes não passava de um morto-vivo. Num lugar como o Caltech, ele logo começaria a ser evitado e, em breve, ficaria também desempregado.

Eu tinha ou não tinha o dom? Ou estaria fazendo a pergunta errada? Comecei a conversar com o professor magro e de cabelos compridos na sala no fim do corredor. Um professor que estava com os dias contados. O que me disse aquele sujeito mais velho é o tema deste livro.

2

A história, na verdade, começa no inverno de 1973. Eu vivia num kibutz, uma fazenda coletiva, em Israel, no pé das colinas próximas a Jerusalém. Meus cabelos batiam nos ombros e minhas opiniões políticas eram pacifistas, mas eu estava lá por causa de uma guerra, a Guerra do Yon Kippur, que recebeu esse nome por causa do dia em que começou. Embora ela tivesse praticamente acabado na época em que cheguei, suas conseqüências ainda eram visíveis. As tropas permaneciam mobilizadas. Isso provocou um sério problema de falta de mão-de-obra. Interrompi os estudos no meu segundo ano de faculdade para ajudar.

Tinha vinte anos e me sentia um adulto. Mas ainda era uma criança – cuidada, guiada e protegida. Em muitos aspectos da minha vida, a experiência no kibutz teve o caráter de uma revelação: foi a primeira vez que estive num país estrangeiro, a primeira vez que lidei com animais de fazenda, a primeira vez que me refugiei num abrigo enquanto bombas explodiam lá fora. E foi a primeira vez que vivi sem certos luxos que considerava básicos – aparelho de som estéreo, televisão, telefone e... banheiro do lado de dentro da casa.

À noite havia pouca coisa para fazer a não ser bater papo com outros voluntários ou visitar a pequena "biblioteca" do kibutz, na qual havia poucas dezenas de livros em inglês. Alguns deles eram livros de física, doados aparentemente por um *kibutznik* que freqüentara uma faculdade nos Estados Unidos. Na época, eu tinha conseguido duas notas máximas – em química e em matemática –, e todos os que me conheciam pareciam ter certeza de que eu acabaria me tornando um professor de química de uma importante universidade. Sempre fui um garoto interessado pela escola, e todos se lembravam de minha dedicação a essas duas disciplinas. O curso de física "avançada" que fiz ainda no segundo grau me pareceu árido e tedioso. Não conseguia entender por que se fazia esse barulho todo a respeito de Isaac Newton – quem é que conseguia ficar entusiasmado com o fato de uma bola rolar por um plano inclinado ou com a força com que um peso qualquer caía do segundo andar? Não dava para comparar com os fogos de artifício e foguetes que eu podia disparar num laboratório de química ou com o espaço curvo com que sonhava nos cursos de matemática. Mesmo assim, diante do estreito leque de opções aberto à minha frente, acabei dando uma olhada nos tais livros de física.

Um deles era uma edição barata de uma obra chamada *The Character of Physical Law* (O caráter da lei física), escrito por um cara de quem já tinha vagamente ouvido falar – Richard Feynman. Consistia na transcrição de algumas palestras que ele realizou nos anos 1960. Peguei o volume. Ele explicava, sem recorrer à matemática, os princípios da física moderna, especialmente a teoria quântica.

Na verdade, "teoria quântica" não é exatamente uma teoria, mas um tipo de teoria. Uma teoria quântica é qualquer teoria baseada na "hipótese quântica", descoberta em 1899 por Max Planck (e publicada no ano seguinte), segundo a qual a matéria só pode absorver energia em pequenas unidades distintas. Por exemplo, a uma determinada altura acima da superfície da Terra existe algo chamado energia gravitacional potencial. Essa é a energia que teríamos quando nos chocássemos contra o solo se caíssemos daquela altura, sem considerar a resistência do ar. Em uma teoria quântica da gravidade, a energia gravitacional potencial não poderia ter um valor qualquer – existiria apenas um conjunto limitado de energias. Há até mesmo uma quantidade mínima possível de energia que corresponde ao fato de se estar um pouco acima da superfície da Terra. Isso foi medido recentemente numa experiência com nêutrons, para os quais a energia mínima equivale a uma altura de aproximadamente cinco décimos de milésimos de uma polegada. Se a régua que estivermos utilizando tiver uma precisão normal, mal perceberemos essa medida. No entanto, os números quânticos são importantes quando estudamos objetos como nêutrons, núcleos ou átomos.

Teorias que não incorporam a hipótese quântica formulada por Planck são chamadas de teorias clássicas. Obviamente, antes de dezembro de 1899, todas as teorias na física eram clássicas. Em sua maior parte, elas também funcionam, a não ser que estejamos preocupados com as nuanças de comportamento na escala atômica ou com coisas ainda menores. Nos cem anos seguintes foi justamente isso que esteve no centro da atenção da maioria dos físicos.

Nas primeiras décadas do século XX, os físicos se dedicaram a uma série de especulações sobre as conseqüências da hipótese quântica de Planck. Uma delas é o princípio da incerteza, segundo o qual na natureza há certos conjuntos de quantidades cujos valores não podem ser simultaneamente determinados. Se, por exemplo, definimos com grande exatidão a posição de um objeto, então não é possível sabermos com muita precisão a sua velocidade. Mais uma vez, quando se trata de objetos grandes que encontramos no dia-a-dia, essas limitações não são perceptíveis. Para os componentes do átomo, porém, elas fazem uma enorme diferença.

Outra conseqüência da teoria quântica é o que os físicos chamam de "dualidade onda-partícula". Isso quer dizer que, sob certas circunstâncias, partículas como os elétrons exibem o comportamento de ondas e vice-versa. Se você, por exemplo, dispara uma série de elétrons através de uma pequena abertura numa parede, eles se espalham num padrão circular à medida que passam pela fenda, como se fossem uma onda de água que atravessasse uma pequena abertura. E, se você abrir duas pequenas fendas na parede, verá discretas ondulações provocadas pela interferência – ondulações semelhantes às que observamos quando duas ondas de água se chocam. Um elétron que se espalha pelo espaço como uma onda é um elétron que age menos como se fosse um objeto distinto do que a movimentação de uma substância envolvente, um meio que tem a capacidade de tudo permear.

Por outro lado, a dualidade onda-partícula também nos diz que há circunstâncias em que ondas de energia apresentam um comportamento típico de partículas. Um exemplo disso é a luz. Ao longo dos tempos, temos entendido a luz basicamente como um fenômeno que apresenta uma semelhança com a onda. Basta pensarmos, por exemplo, no modo como a luz atravessa uma lente ou na maneira como se espalha ao passar por um prisma. Mas ela também pode se comportar como uma partícula, um objeto localizado separadamente, que chamamos de fóton. Esse conceito de luz se revelou vital para a compreensão do efeito fotoelétrico, no qual certos metais emitem um elétron depois de serem invadidos por um fóton. Einstein, o primeiro a aceitar a hipótese quântica como uma lei física fundamental, explicou nesses termos certas propriedades misteriosas do efeito fotoelétrico nos seus famosos trabalhos de 1905. (Foi em decorrência deles, e não por suas controvertidas teorias sobre a relatividade, que ele recebeu o Prêmio Nobel de 1921.)

Hoje existem versões quânticas das velhas teorias clássicas, como a eletrodinâmica quântica, além de novas teorias quânticas que descrevem forças que nem eram conhecidas na época de Planck, como a cromodinâmica quântica. E há uma exceção nessa tendência de "quantização": a teoria da gravidade. Ninguém até agora conseguiu formular uma maneira de incorporar a hipótese quântica à teoria da gravidade de Einstein, chamada de relatividade geral.

A mecânica quântica abre as portas para um mundo fascinante. Fiquei naturalmente curioso a respeito do assunto, mas sempre tinha achado áridas e chatas as descrições fornecidas pelos livros didáticos. Feynman tornava tudo aquilo maravilhoso e mágico. Eu estava fascinado. Queria ler mais.

Havia outros três livros dele naquela coleção – os que compunham a série *The Feynman Lectures on Physics* (As palestras de Feynman sobre física), produzida com base num curso dado por ele no Caltech. Os volumes incluíam uma imagem do autor – a foto de um cara que parecia bastante feliz tocando bongô – e eram diferentes de todos os livros didáticos que já tinha visto. Seu tom era de bate-papo; eles eram divertidos, davam a impressão de que Feynman estava na mesma sala conversando com a gente.

Mas Feynman não se limitava a fazer com que a física parecesse um assunto fascinante. Sem nunca afirmar isso, fazia com que ela parecesse algo realmente importante. Como se um físico, de posse de uma idéia, pudesse sozinho mudar o mundo e a maneira como as pessoas o viam. De repente, me peguei pensando sobre os problemas e as questões dos livros dele enquanto dirigia o trator para rebocar caixas cheias de ovos, cuidava do gado ou descascava batatas na cozinha coletiva.

Quando voltei para casa em Chicago naquele verão, tinha decidido que queria estudar física.

Por causa do grande impacto que o livro de Feynman exercera sobre mim, o kibutz permitiu que eu ficasse com o exemplar de *The Character of Physical Law* em troca de uma velha calça jeans. Lá pelo final do livro, eu sublinhei um trecho: "Temos muita sorte de viver numa época em que ainda estamos fazendo descobertas. É como a descoberta da América – só acontece uma vez. Nesta era, estamos descobrindo as leis fundamentais da natureza e jamais poderemos voltar a estes dias." Prometi a mim mesmo que um dia faria uma descoberta. E que um dia iria encontrar o professor Feynman.

3

Outono de 1981. Muita coisa aconteceu desde aquela época em que vivi em Israel. Meus interesses agora se concentravam na física. Havia me formado e obtido Ph.D. em Berkeley. Meus pais vieram para a formatura – o último grande acontecimento em que estaríamos juntos como uma família. Foi o fim da minha infância.

Por causa de algumas formalidades relacionadas à minha dissertação – na verdade, o fato de não ter terminado de escrevê-la –, cheguei ao Caltech bem depois do início do ano letivo. Como uma instituição privada, esse centro não sofreu os cortes de orçamento impostos por Ronald Reagan às escolas do Estado antes que ele mesmo se graduasse, passando de governador a presidente. No Caltech, a relação entre as dotações de verba e o número de alunos era uma das mais altas entre todas as faculdades do país. E dava para perceber isso. O campus era lindo e muito pacato. Também era grande, considerando o fato de que o número de estudantes de graduação chegava a algumas centenas. A maior parte do centro fica num lugar isolado por vários quarteirões e não se mistura com as ruas da cidade. Largas calçadas margeadas por jardins bem-cuidados, arbustos e oliveiras serpenteiam entre prédios baixos, muitos deles em estilo arquitetônico típico do Mediterrâneo. Um lugar para se sentir tranqüilo e protegido, onde ficávamos livres para esquecer do mundo lá fora e nos concentrarmos nas nossas próprias idéias.

Minha sensação era a de que ter um trabalho – qualquer um – no campo da física acadêmica era um privilégio. As pessoas menosprezavam a universidade por causa dos salários relativamente baixos. Mas eu estava cansado de ver muitos "adultos" trabalharem horas a fio numa atividade da qual não gostavam só para acumularem coisas das quais eles apenas imaginavam precisar; então, décadas depois, lamentavam todos aqueles anos "desperdiçados". E tinha visto meu pai trabalhando arduamente para pagar as contas no fim do mês. Havia prometido a mim mesmo ter uma vida melhor. Para mim, o maior patrimônio que eu podia conquistar era a possibilidade de passar meu tempo fazendo algo de que gostava.

No começo, me sentia em estado de graça não apenas pelo fato de ter um emprego no mundo acadêmico, mas por estar numa universidade de elite – o lar de Feynman, o meu herói. E era o emprego dos meus sonhos, uma bolsa de enorme prestígio, que se estendia por vários anos, com total liberdade acadêmica. À medida que se aproximava a data do meu ingresso, porém, a euforia foi se dissolvendo e um pensamento estranho começou a se cristalizar no meu íntimo: esses caras no Caltech podem estar realmente esperando alguma coisa de mim. Antes que minha dissertação fosse aceita oficialmente, eu era apenas um estudante promissor. Minhas obrigações consistiam em fazer perguntas, aprender o que fosse ensinado e cometer os erros bobos que fazem com que os professores sorriam e se lembrem da despreocupação dos seus tempos de juventude. De repente eu passara a fazer parte dos quadros da faculdade. Estudantes logo estariam me procurando em busca de conhecimento. Professores famosos sussurrariam coisas ao lado do bebedouro e esperariam respostas espirituosas. Editores de importantes publicações acadêmicas sobre física estariam guardando espaço para artigos descrevendo minha mais recente descoberta.

Formulei uma estratégia para manter essa pressão à distância: não alimentar grandes expectativas, não chamar muita atenção e ter a esperança de descobrir que, à exceção de alguns tipos como Feynman, a maioria dos que estavam no Caltech era formada por pessoas tão comuns quanto eu.

No meu primeiro dia fui chamado à sala do diretor do departamento. No Caltech, eles agrupam os departamentos de física, matemática e astronomia num único setor, de modo que aquele sujeito, na realidade, chefiava todas as três áreas. Não compreendia muito bem por que um cara tão importante teria necessidade de falar com alguém como eu. A única coisa que podia pensar era que ele estava querendo me informar que haviam me concedido a bolsa por engano. "Sinto muito", eu o imaginei dizendo, "minha secretária enviou a carta com a oferta para a pessoa errada. Na verdade, pretendíamos contratar um cara chamado Leonard M. Lodinow, e não Leonard Mlodinow. Você deve conhecer o doutor Lodinow, de Harvard? De qualquer modo foi um erro compreensível, você tem que admitir." No meu devaneio, eu aceitava isso e começava a pensar em como arrumar um novo emprego.

Quando cheguei à sala do diretor, encontrei um homem de meia-idade, meio calvo, segurando um cigarro. Mais tarde ouvi dizer que ele sofria de úlcera. Ele sorriu, levantou-se e fez sinal para que eu entrasse. A fumaça do cigarro deixava um rastro ondulante no ar. Falava com uma voz que transmitia autoridade e tinha sotaque alemão.

– Seja bem-vindo, doutor Mlodinow. Terminou o trabalho em Berkeley? Estávamos ansiosos pela sua chegada. – Apertamos as mãos e nos sentamos.

Sabia que o comentário tinha a intenção de me encorajar, mas ver o diretor do departamento de física, matemática e astronomia se mostrar pessoalmente ansioso pela minha chegada não se encaixava muito na minha estratégia de passar despercebido. Por outro lado, pelo menos ele não estava me informando que a bolsa havia sido concedida por engano. Tentei parecer simpático enquanto meu estômago se contraía ainda mais.

– E então? O que tem achado do sul da Califórnia? – Ele se reclinou na cadeira.

– Na verdade, ainda não vi muita coisa – eu disse.

– Claro que não. Acabou de chegar. E o campus? Já foi ao Athenaeum?

– Almocei lá hoje. – Na realidade, para mim, tinha sido o café da manhã. Naquela época eu trabalhava de madrugada e dormia até muito tarde.

O Athenaeum era o clube da faculdade, um edifício de cinqüenta anos construído no "estilo da Renascença espanhola" que predominava no campus, como fiquei sabendo mais tarde. Lá havia muita madeira de ótima qualidade, cortinas de veludo e tetos cuidadosamente pintados. Tinha ouvido falar que no andar de cima ficavam alguns quartos. Achei que parecia uma espécie de resort, mas não estava bem certo, afinal nunca havia estado num antes.

– Sabia que Einstein ficou aqui durante dois invernos antes de se estabelecer em Princeton?

Balancei a cabeça indicando que não.

– Dizem que só não permaneceu porque não contratamos o assistente dele. Se eu estivesse por aqui na época, não teríamos cometido esse erro. – Ele deu uma risadinha.

Jogamos um pouco de conversa fora. Sua secretária entrou com um recado de alguém que tinha telefonado, e ele lhe pediu que não houvesse mais interrupções até ter terminado de falar comigo. Depois me examinou por alguns instantes.

– Deixe eu adivinhar. Está imaginando o que está fazendo aqui?

Ele podia enxergar o que se passava dentro de mim?

– Acho que é porque gostaram da minha tese.

– Não, não estou falando aqui no Caltech. Digo, aqui na minha sala.

– Ah... Na verdade... estava imaginando...

– Vou lhe dizer o motivo. Pedi que viesse aqui porque você ocupa uma função especial no Caltech e porque o Caltech é um lugar especial. Isso quer dizer que você merece uma recepção especial da minha parte, isto é, pessoal.

Para outra pessoa esse gesto de boas-vindas poderia sugerir uma atitude amistosa. Mas eu não conseguia deixar de pensar que havia algo implícito no fim da frase, como: "E lembre-se, só para o caso de termos nos enganado, vou estar de olho em você."

– Ah... – murmurei. – Obrigado.

Ele deu uma tragada e se recostou na cadeira.

– O que sabe sobre o Caltech?

Encolhi os ombros.

– Só conheço o departamento de física.

– É claro, e logo no fim do corredor da sua sala, tenho certeza de que já percebeu, estão os dois gigantes da física, Dick Feynman e Murray Gell-Mann.

Na verdade, aquilo era novidade para mim. Ainda não tinham mostrado a minha sala.

– Mas, ao procurar saber mais sobre o nosso campus, vai descobrir que o Caltech tem uma história bastante rica que talvez você ainda não conheça bem. Provavelmente sabe que foi aqui que Linus Pauling descobriu a natureza da ligação química. Mas sabia que também foi no Caltech que Charles Richter e Beno Gutenberg inventaram a escala Richter? Ou que foi aqui que o pioneiro da computação Gordon Moore recebeu seu Ph.D.?

– Não, não sabia.

– Pois foi. E tenho certeza de que, na condição de físico, sabe que aqui foi descoberta a antimatéria. Mas talvez ignore que foi no Caltech que se formularam os princípios da aviação e também onde se determinou a idade da Terra com alguma exatidão pela primeira vez. Ou que foi aqui que Roger Sperry descobriu que os hemisférios direito e esquerdo do cérebro têm funções diferentes – o esquerdo é responsável pela linguagem, e o direito, pelas atividades visual e espacial. E também que foi no Caltech que praticamente se inventou a biologia molecular. Uma das pessoas fundamentais para isso foi Max Delbrueck, um físico como você. Por esse trabalho ele ganhou o Prêmio Nobel de 1969.

Ele soltou outra risadinha. Eu não conseguia perceber muito humor naquela conversa, mas tentei responder também com uma risadinha.

– Sabe quantos prêmios Nobel os integrantes da comunidade do Caltech já receberam?

Balancei a cabeça, nunca tinha pensado no assunto.

– Dezenove. Em comparação, o MIT, que tem quase cinco vezes o nosso tamanho, conseguiu apenas vinte.

Fiquei imaginando se também mantinham uma estatística sobre quantos integrantes do Caltech acabavam se revelando um completo fracasso.

– Por que estou contando tudo isso? Porque, enquanto estamos conversando, as grandes vitórias do futuro estão tomando forma hoje mesmo. Explore o campus. Descubra o que as pessoas estão fazendo. Vai se surpreender e, espero, se sentir estimulado. A partir de agora, você também é parte dessa nossa grande tradição intelectual.

Se antes eu estava me sentindo pelo menos um pouquinho à vontade, essa excursão pela galeria de gênios acabara de vez de me embrulhar o estômago. A minha impressão foi a de que ele tinha me dado seis meses para ser posto à prova e depois estaria tudo terminado. Quis lhe dizer isso, mas não achava que aqueles fossem o lugar e a hora apropriados para abrir meu coração. Então respondi o seguinte:

– Vou tentar estar à altura disso.

Ele aceitou com grande entusiasmo a minha promessa um tanto desconsolada.

– Ah, achamos que vai conseguir, sim! Foi por isso que lhe oferecemos essa bolsa. A maioria dos que fazem pós-doutorado aqui trabalha sob a supervisão de um professor específico. Você, não. Você, doutor Mlodinow, é independente. Só tem que prestar contas a si mesmo. Se quiser, pode dar aulas, o que não é permitido à maior parte dos pós-doutorandos, ou optar por não dar aulas. É livre para fazer pesquisas no campo da física ou, como Max Delbrueck, da biologia ou em qualquer outra área que escolher. Se preferir, utilize seu tempo para projetar veleiros! Depende de você! Estamos lhe dando essa liberdade porque acreditamos que seja o melhor entre os melhores e temos confiança de que, com ela, vai realizar grandes coisas.

Sua conversa introdutória transmitia sinceridade e ele era muito bom naquilo. Mas eu era o sujeito errado. Saí daquela sala com a mesma sensação que um sonho me causou certa vez. Estava num elevador subindo até à minha sala em Berkeley quando percebi que estava nu – naquela manhã havia esquecido de pôr a roupa. Então vivi um dilema: apertar o botão de parar, o que iria adiar o momento em que teria de sair, mas ao mesmo tempo acionar o alarme, chamando atenção para mim; ou esperar que a porta se abrisse e tentar chegar à minha mesa sem que ninguém percebesse. Na vida, como no sonho, escolhi a segunda opção.

Dias depois, estava na minha sala pensando na difícil situação em que me encontrava quando de repente surgiu a oportunidade de acalmar meus nervos com um pouco de champanhe. O campus inteiro estava festejando: haviam anunciado que, por suas pesquisas sobre os dois lados do cérebro, Roger Sperry tinha acabado de ganhar o Prêmio Nobel de Fisiologia ou Medicina. Em matéria de premiados com um Nobel, o Caltech e o MIT estavam agora empatados. Um hemisfério do meu cérebro estava orgulhoso e entusiasmado por estar em meio a tudo isso, o outro se mostrava um tanto inquieto, como se a pressão sobre mim tivesse aumentado com mais uma volta do parafuso.

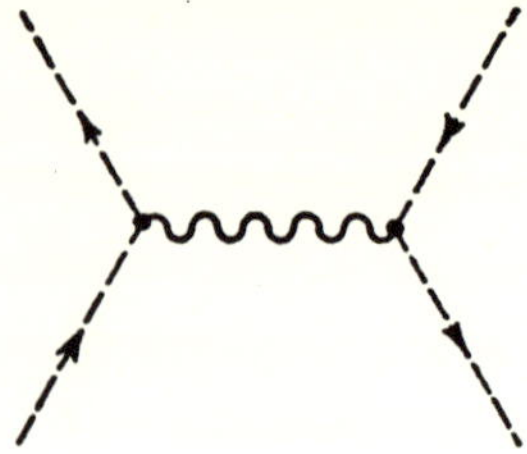

4

Quando finalmente mostraram a sala que eu iria ocupar, descobri que era a porta ao lado da de Murray Gell-Mann – um dos dois gigantes mencionados pelo diretor do departamento. Dias depois, eu me apresentei a ele e conversamos um pouco sentados à mesa em que eram servidos chá e biscoitos – um costumeiro ponto de encontro para os que saíam dos seminários. Murray se parecia exatamente com a imagem que fizera dele com base nas fotos que tinha visto – até o detalhe da estranha gravata com o laço feito de uma cordinha fina, a sua marca registrada. Eu lhe disse o meu nome, ele não me disse o seu – quando se é tão famoso, para que se dar ao trabalho? Mas Murray repetiu o meu nome. Soou irreconhecível para mim; porém, ele afirmou, aquela era a pronúncia "correta" (em russo). Além disso, me explicou a etimologia. Não perguntei a origem do seu nome, tão incomum; parece que o hífen foi invenção do seu pai. De qualquer modo, quase todo mundo o chamava pelo primeiro nome. Feynman era "Dick" para um círculo ainda mais restrito de pessoas.

As idéias de Murray vinham dominando a física nos últimos vinte anos, mas a sua principal façanha tinha sido inventar, na década de

1960, um excelente sistema matemático para classificar e explicar as propriedades de partículas subnucleares. Com exceção dos componentes mais tradicionais do núcleo – prótons e nêutrons –, essas partículas, que haviam sido descobertas nas últimas décadas, se extinguiam numa pequena fração de segundo. Elas só eram criadas quando, por exemplo, prótons se chocavam uns contra os outros. Para explicar a ordem matemática que encontrou nesse zoológico de partículas subnucleares, Murray propôs mais tarde que prótons, nêutrons e todas as outras partículas tinham uma estrutura interna, sendo constituídos a partir de diferentes combinações de alguns poucos blocos básicos de montar que ele chamou de quarks. Essas são partículas "sub-subnucleares", ou seja, partículas dentro das partículas que formam o núcleo. Quarks individuais nunca foram vistos, mas os físicos acabaram aceitando a teoria de Murray. Isso lhe valeu comparações com Dmitri Mendeleev, que inventou a Tabela Periódica dos Elementos. Assim como o sistema de Murray, a Tabela Periódica organiza os elementos químicos em grupos baseados em propriedades comuns. E também a exemplo do sistema de Murray, essa ordem existente entre os elementos acabou sendo explicada em termos de uma estrutura interna – nesse caso, a estrutura de partículas internas do átomo, mais tarde chamadas de elétrons.

Murray ganhou um prêmio Nobel pelo seu trabalho, o que o ajudou a tornar-se um dos cientistas mais influentes do pós-guerra. Mesmo assim, ele parecia sofrer de complexo de inferioridade, pois estava sempre disposto a demonstrar o quão brilhante era. Não importava se o assunto fosse um acelerador de partículas ou uma fossa séptica, ele era capaz de explicar, e realmente explicava, como eles funcionavam, os detalhes mais importantes e ao que deveríamos estar atentos ao examinarmos seus últimos modelos. Sua pronúncia criteriosamente "correta" do meu sobrenome não tinha sido uma atitude incomum. Ele parecia estar sempre atrás de oportunidades de citar palavras estrangeiras, como nomes de cidades, de modo que pudesse exibir sua capacidade de pronunciá-las como se fosse um nativo do país em questão. Começávamos ouvindo um típico nova-iorquino; de repente, seu rosto se contorcia e, enquanto ele dizia as palavras seguintes, se transformava num nativo do Quebec, num russo ou num chinês. Certa vez, um estudante que sabia alguns termos em maia decidiu pôr à prova o conhecimento que Murray dizia ter dessa língua. Ao murmurar uma frase, pedindo que o físico a traduzisse, foi repreendido. A frase dita pelo estudante era em maia popular. O idioma que Murray dizia dominar era o maia erudito.

Feynman e Murray eram, pelo menos por períodos intermitentes, amigos. Foi por sua ligação com Feynman que Murray se decidiu pelo Caltech em detrimento de outras universidades que o haviam convidado. E foi Feynman que, no final dos anos 1960, ofereceu alguns indícios teóricos vitais em relação aos quarks de Murray, supostamente encontrados no interior de cada nêutron e próton, mas nunca vistos isoladamente.

Na época, uma grande controvérsia animava o mundo da física: se não se pode isolar um quark, que sentido faz afirmar que eles existem individualmente? Será que essas partículas dentro de partículas não passariam de um conveniente artefato matemático? Essas perguntas são parte de um debate filosófico mais amplo: em que medida se pode dizer que as experiências realizadas em modernos aceleradores de partículas consistem realmente em observações diretas e até que ponto elas são meramente interpretações aceitas de determinados dados numéricos? Afinal, mesmo quando se trata de partículas comuns, como elétrons e prótons, falamos que elas estão sendo "observadas", mesmo que, na verdade, as "vejamos" apenas por meio de indícios indiretos, como o rastro deixado pelo seu trajeto sobre um filme ou pelos cliques de um contador Geiger. No caso de partículas mais exóticas, os indícios são ainda mais indiretos: inferimos sua existência a partir de sinais estatísticos em gráficos com informações sobre a distribuição de outras partículas.

Uma corrente filosófica chamada positivismo evita essas questões ao sustentar que somente o que percebemos de forma direta pode ser aceito como realidade. A física moderna aventurou-se bem além do ponto de vista do positivismo. Para muitas pessoas, no entanto, era ir longe demais admitir a idéia de que uma partícula que não pode ser observada, como um quark, fosse real. Quando questionado a respeito desses assuntos, Feynman costumava dizer que seu médico lhe dera a ordem de não discutir metafísica. Mesmo assim, foi ele que, no fim dos anos 1960, publicou um trabalho mostrando como certas observações experimentais do comportamento dos prótons podiam ser explicadas aceitando-se o pressuposto de que eles tinham uma estrutura interna de subpartículas que não são visíveis – o tipo de "observação" indireta dos quarks que a maior parte dos cientistas aceitava como prova de sua existência. Ironicamente, Feynman, assumindo sempre o papel de cínico, pediu licença para discordar. Os quarks apresentavam muitas propriedades especiais que não eram relevantes para o processo físico que ele havia pesquisado. Então não era possível concluir, com base em seus cálculos, que as partículas não visíveis incluídas na sua teoria tinham essas propriedades, ou seja, que elas eram realmente quarks. Podia ser que a teoria de Murray estivesse errada e que outras partículas não visíveis, que ainda estavam para ser classificadas, existissem no interior do próton. Por causa disso, Feynman recusou-se a chamar de quarks as partículas internas de sua teoria, preferindo denominá-las de "pártons". Isso incomodou Murray, em parte porque significava uma recusa em avalizar seu trabalho, em parte porque a palavra párton era uma mistura de raízes do grego e do latim. Mas Feynman era assim: meticuloso quando se tratava de descrever a natureza, descuidado sobre os critérios utilizados na mesclagem do latim e do grego.

Ainda que Feynman fizesse pouco caso do estudo da filosofia, era uma divergência filosófica que estava na base do desentendimento entre os dois homens. Feynman costumava dizer que havia dois tipos de físicos, os babilônios e os gregos. Estava se referindo às filosofias opostas dessas duas antigas civilizações. Os babilônios foram os responsáveis pelos primeiros grandes avanços no conhecimento dos números e das equações, assim como da geometria. No entanto, é aos gregos, uma civilização posterior, que damos o crédito pela invenção da matemática – em especial a Tales, Pitágoras e Euclides. Isso ocorreu porque os babilônios se importavam apenas em saber se determinado método de calcular funcionava ou não, ou seja, se descrevia adequadamente uma situação física real, e não se era exato ou capaz de se encaixar num grande sistema lógico. Por outro lado, Tales e seus seguidores gregos inventaram a idéia do teorema e da prova – e, para que uma afirmação fosse considerada verdadeira, exigiam que ela significasse uma conseqüência lógica exata de um sistema de axiomas ou proposições explicitamente definidas. Resumindo, os babilônios concentraram sua atenção nos fenômenos; os gregos, na ordem oculta por trás dos fenômenos.

As duas abordagens são bastante poderosas. O método grego apresenta toda a força do aparato lógico da matemática. Os físicos que se filiam a essa linhagem são muitas vezes guiados pela beleza matemática das teorias que desenvolvem. E ela tem conduzido a muitas belas aplicações – como a classificação das partículas por Murray. A abordagem babilônia proporciona uma certa liberdade de imaginação e permite que se siga o instinto ou a intuição a respeito da natureza, dispensando uma preocupação excessiva com o rigor científico e com as justificativas. Essa estética também possibilitou grandes vitórias por parte da intuição e da "reflexão física", isto é, o ato de refletir baseando-se principalmente na observação e na interpretação dos processos físicos, em vez de se deixar conduzir pela matemática. Na verdade, os físicos que empregam esse tipo de pensamento às vezes violam as regras formais da matemática ou então até inventam uma nova e estranha matemática própria (ainda não comprovada), tomando como base sua interpretação de informações colhidas em experiências. Em alguns casos, isso fez com que os matemáticos fossem relegados à retaguarda do processo – eles se viram ou justificando o uso inovador das suas idéias pelos físicos ou tentando descobrir por que sua utilização "não autorizada" acabou mesmo assim produzindo respostas bastante precisas.

Feynman considerava-se um babilônio. Ele confiava na compreensão que tinha da natureza para levá-lo a qualquer lugar. Murray fazia mais o tipo grego – desejando classificar a natureza para impor uma ordem matemática funcional sobre as informações disponíveis.

Ainda que tenha irritado Murray, a recusa de Feynman em identificar os elementos internos dos prótons como quarks é exatamente o que se esperaria de um pensador de estilo babilônio. Feynman havia explicado alguns dados, destacando que era como se uma estrutura interna estivesse presente. Ele não viu naqueles dados nenhum motivo que o convencesse a dar o passo seguinte – identificar a estrutura interna como aquela proposta por Murray. Para um pensador de estilo grego, o fato de que essa identificação se acoplaria a um belo esquema de classificação matemática seria uma razão suficiente para dar tal passo.

Apesar de Feynman caracterizar esses dois enfoques como babilônio e grego, uma tensão filosófica semelhante tem surgido entre muitos outros personagens e movimentos através da história. Por exemplo, entre os próprios gregos: Platão e Aristóteles. Platão acreditava que, sob os vários fenômenos do mundo natural, persistiam padrões eternos e imutáveis. A descrição desses padrões em termos matemáticos é o que físicos como Murray vêm procurando. Aristóteles sentia que Platão havia feito o caminho contrário. Para ele, a descrição ideal – ou seja, abstrata – da natureza era um mito ou talvez algo conveniente, mas aquilo com que realmente devíamos estar nos preocupando eram os fenômenos que percebemos com os nossos sentidos. Como Feynman, Aristóteles cultuava a própria natureza, e não a (possível) abstração a ela subjacente.

Para mim, a distinção estabelecida por Feynman também parecia refletir a teoria de Sperry sobre os dois hemisférios do cérebro. O da esquerda, buscando a ordem e a organização, é Murray, o grego, o platônico; e o da direita, percebendo padrões e enfatizando a intuição, é Feynman, o babilônio, o aristotélico. À luz de sua origem física no interior do cérebro, não é de admirar que as diferenças entre seus enfoques se estendessem para além da física, alcançando até os modos distintos como os dois viviam. Seria uma opção entre dois estilos de vida que eu mesmo, sem perceber, logo teria que fazer.

Em mais de um sentido Feynman era a nêmesis intelectual de Murray. Mesmo que em 1981 ainda não tivesse sido descoberto pela mídia, ele vinha projetando sua sombra sobre Murray no mundo da física havia décadas. Sua lenda teve início em 1949, quando, aos trinta anos, escreveu aquela série de trabalhos para a *Physical Review.* Desde Isaac Newton, na física uma teoria era criada pelo ato de se escrever uma equação ou uma seqüência de equações chamadas equações diferenciais. Depois se calculavam as conseqüências da teoria resolvendo-se essas equações. O mesmo ocorria com as teorias quânticas. Para descobrir, por exemplo, o que a eletrodinâmica quântica – a teoria quântica sobre partículas carregadas de eletricidade – predizia sobre o futuro comportamento do elétron, um físico em 1940 primeiro registraria seu estado presente, ou "inicial". Essa função matemática contém informações que descrevem quantidades como o impulso e a energia de um elétron no início de um processo ou de uma experiência. O objetivo do teórico era especificar essas mesmas quantidades no fim do processo ou da experiência, ou seja, calcular o seu "estado final" ou, pelo menos, a probabilidade de o elétron chegar ao estado final em que ele estivesse interessado. Para conseguir isso, seria preciso que resolvesse uma equação diferencial. Do modo como foi formulada por Feynman, a teoria quântica eliminou a necessidade de se solucionar essa equação.

Na abordagem de Feynman, para se chegar à probabilidade de que um elétron que partiu de determinado estado inicial vá terminar em certo estado final, é preciso recorrer – usando algumas regras – a todas as possíveis trajetórias, ou histórias, do elétron que poderiam tê-lo levado do estado inicial ao final. Para Feynman, era isso que distinguia o mundo quântico do mundo clássico do nosso dia-a-dia. Nas teorias clássicas, uma partícula seguia um percurso definido, da mesma forma que os objetos que observamos no cotidiano. O estranho mundo quântico surge porque é preciso levar em conta todas as trajetórias. Quando se trata de objetos grandes, a maneira como as somamos faz com que apenas uma delas seja importante – a trajetória clássica que nos é familiar –, de modo que não notamos nenhum efeito quântico. No entanto, no caso de partículas subatômicas, como o elétron, não se podem ignorar trajetórias em que o elétron se desloca até os confins do universo ou descreve um ziguezague no tempo, indo para trás e para a frente. O elétron quântico dispara pelo universo numa dança cósmica, do presente para o futuro e para o passado, daqui para qualquer lugar e, então, de volta. Ao seguir tais trajetórias, ele ignora as regras ortodoxas do movimento e age como se a natureza não estivesse mais no comando. Como dizia Feynman, até "a ordem temporal dos acontecimentos... é irrelevante". Ainda assim, como a música de instrumentos que estão em harmonia, todos esses percursos, quando sobrepostos, resultam no estado quântico final observado por aquele que conduz a experiência.

O método de Feynman era radical e, à primeira vista, absurdo. Em nossa cultura voltada para a ciência, a expectativa é que exista sempre alguma ordem. As noções de tempo e espaço estão profundamente enraizadas dentro de nós, assim como a idéia de que o tempo progride do passado para o presente e deste para o futuro. Entretanto, sob essa ordem, segundo Feynman, existem processos que têm liberdade para não seguir essas regras. Como sempre, Feynman jamais discutiria aspectos tão metafísicos da sua teoria. Mais tarde, quando o conheci melhor, compreendi como ele tinha conseguido evocar uma teoria como essa: ele próprio se comportava de um jeito muito parecido com um elétron.

Na época, os físicos tiveram grande dificuldade para entender e aceitar a abordagem de Feynman. As chamadas integrais de trajetória, que ele inventara para somar as trajetórias, não podiam ser provadas matematicamente e às vezes não apresentavam uma definição satisfatória. Além disso, sua técnica visual para gerar respostas com base em sua teoria – os hoje chamados diagramas de Feynman – era diferente de qualquer coisa que os físicos tivessem visto antes. Eles queriam provas. Demandavam uma derivação matemática da sua fórmula que tivesse como ponto de partida o enunciado habitual da teoria quântica. Mas Feynman havia desenvolvido seu método recorrendo à intuição e à reflexão física, além de empregar muita tentativa e erro. Ele não podia obter uma prova. Quando apresentou o método numa conferência em 1948, foi atacado do princípio ao fim por estrelas da física, como Niels Bohr, Edward Teller e Paul Dirac. Eles exigiam a abordagem grega, e lá estava Feynman, um babilônio. Mesmo assim, no fim não puderam ignorá-lo: ele era capaz de fazer em meia hora cálculos teóricos que seus colegas famosos só conseguiriam realizar em meses.

Por fim, outro jovem físico, Freeman Dyson, acabou mostrando como o enfoque de Feynman se relacionava com a abordagem tradicional, e, aos poucos, sua teoria foi sendo aceita. Alguns, como o próprio Murray, especulam se o método de Feynman, suas integrais de trajetória e os diagramas não formariam a verdadeira base de toda a teoria física no lugar da abordagem de Newton, que emprega as equações diferenciais.

Apesar de, para os físicos, Feynman ser uma figura legendária e Murray parecer um personagem mais próximo dos simples mortais, em muitos aspectos Murray se mostrava mais influente quando se tratava de apontar uma direção para todo o campo da física. Isso ocorria porque ele, ansiando pelas idéias de ordem e controle, sempre procurava assumir o papel de líder. Feynman esquivava-se dessa função, preferindo deixar que seu trabalho falasse por si mesmo.

Como eu me encaixava nessa situação?

A origem do meu próprio sucesso estava na minha dissertação de doutorado e nos vários trabalhos que escrevi com um colega grego, Nikos Papanicolaou, que conheci durante meu pós-doutorado em Berkeley. A exemplo de Feynman, Nick e eu também procuramos encontrar um meio de estabelecer uma conexão entre os mundos quântico e clássico: descobrimos que o mundo quântico apresentaria uma semelhança com o mundo clássico se vivêssemos num universo com um número muito maior de dimensões do que as três que formam a noção de espaço com a qual estamos familiarizados. Então, mostramos como certos problemas da física atômica seriam facilmente resolvidos se houvesse um número infinito de dimensões. E, finalmente, indicamos como compensar a falsa pressuposição das infinitas dimensões e encontrar respostas que são precisas e relevantes para o nosso mundo de três dimensões. Quando a poeira baixou, fiquei espantado com o rigor da abordagem que fizemos. Mas, acima de tudo, estava orgulhoso da nossa originalidade.

Nosso trabalho tinha sido mencionado cerca de um ano antes num artigo na *Physics Today*, uma publicação semitécnica, por um jovem professor de Princeton chamado Edward Witten que, na década seguinte, assumiria o lugar de Feynman como o Yoda do mundo da física (e que acabaria ocupando a mesma sala de Murray). Depois da publicação desse artigo, outras pessoas começaram a mencionar nosso trabalho. Foram dezenas de citações. Parei de contar quando passaram de cem. De uma hora para outra, também me vi sendo tratado com um novo sentimento de respeito. O orientador da minha tese de doutorado se mostrou subitamente interessado nos detalhes do meu trabalho. De repente, assim, do nada, um velho professor dos tempos de faculdade me mandou lembranças. Professores começaram a me tratar como se valesse a pena ouvir o que eu tinha a dizer a respeito das coisas. Quando chegou o momento de pensar sobre o que eu deveria fazer a seguir, começaram a surgir algumas preocupações. As dúvidas.

Será que poderia algum dia repetir aquele sucesso? E então veio a proposta de trabalho no Caltech.

Tivesse eu um pé na Babilônia, na Grécia ou apenas na Chicago onde nasci, sabia que precisava descobrir o meu próprio estilo e a minha própria maneira de encarar a física – e a vida. Mas primeiro tinha que enfrentar minhas suspeitas de que a descoberta que fizera não havia passado de um golpe de sorte e que o meu sucesso não era uma espécie de fraude. Ou apenas uma intuição feliz que não se repetiria. Passei semanas nesse estado de espírito, dando uma espiada numa ou noutra publicação acadêmica, mal virando as páginas, sem realmente entrar no conteúdo. Costumava ir a seminários, mas era incapaz de me concentrar no assunto que estava sendo abordado. Nos corredores, conversava com colegas de pós-doutorado, porém tinha dificuldade em acompanhar as mais simples linhas de raciocínio.

Em casa, comecei a conversar à noite com dois vizinhos que descobriram no "baseado" uma forma de confraternizar e se esconder do mundo. Edward, um sujeito magro, aluno da graduação no Caltech, fumava para espantar o tédio e as dúvidas morais que o assaltavam por causa do seu emprego, que envolvia pesquisas para a indústria bélica; e Ramón, a quem todos chamavam de Ray, um lixeiro, fumava para esquecer os cheiros a que ficava exposto durante o dia. Eu me sentava ao lado deles, um rapaz promissor de 27 anos guardando nervosamente um segredo: o de que a promessa que ele representava estava, na verdade, esvaindo-se em fumaça. O inverno chegou e, com ele, um novo semestre e um novo ano. Naquela época, eu via Feynman, depois da cirurgia a que se submetera, indo e vindo da sua sala no fim do corredor. Ficava imaginando que, se existia alguém capaz de me ajudar a superar o período de seca que minha criatividade atravessava, esse alguém era o meu ídolo. Seus textos foram os primeiros a despertar meu entusiasmo pela física, e agora o destino o colocava a apenas algumas salas de distância. Tudo o que eu tinha a fazer era dar alguns passos e bater à sua porta. Felizmente, mesmo com toda a minha ingenuidade e todas as minhas dúvidas, eu possuía uma certa coragem, ou *chutzpah*, como diriam meus pais. Não considerava inabordáveis nem mesmo as lendas vivas. E então Feynman, que desprezava a psicologia ainda mais do que a filosofia, logo se tornaria meu principal conselheiro, tanto a respeito de filosofia quanto em relação à mente do cientista.

5

Na primeira vez em que pus os olhos nele, sua imagem, por algum motivo, pareceu não se encaixar com a da lenda. Feynman tinha 63 anos – dez a mais do que Murray –, mas ele parecia esquálido e envelhecido. Seus longos cabelos grisalhos estavam escasseando e ele demonstrava falta de energia ao caminhar. Com o estado de espírito em que estava na época, eu mesmo não devia estar muito diferente dele. Mas o mal-estar de Feynman tinha outra origem. Àquela altura todos sabiam que ele estava muito doente, em estado terminal. Na cirurgia que havia feito pouco tempo antes, uma maratona que durara 14 horas, os médicos extraíram dos seus intestinos um tumor que já tinha se disseminado bastante. Essa fora a segunda operação motivada pelo câncer.

Andei até à porta da sala dele, bati e me apresentei. Ele foi gentil e me recebeu. Eu jamais tivera qualquer experiência direta com a morte. Para mim era difícil não sentir piedade, como nas ocasiões em que via um deficiente físico na rua. Na verdade, o simples fato de falar com uma pessoa que estava morrendo me deixava pouco à vontade. Curiosamente, eu viria a descobrir que, para Feynman, o fato de *ser* uma dessas pessoas não parecia exercer sobre ele o mesmo efeito. Na mesma hora percebi que ainda havia nele uma energia, um brilho nos olhos. Ele podia estar no estágio terminal da doença, mas seu espírito ainda ziguezagueava pelo universo.

Apesar de meu coração estar aos pulos, eu me surpreendi com a imagem que ele transmitia. Feynman não emitia nenhum reflexo do brilhantismo que se via em Murray. Na verdade, não existia nada nele que indicasse grandeza. Se o tivesse encontrado na rua sem ter visto suas fotos antes, poderia achar que se tratava de um motorista de táxi aposentado do Brooklyn. Fiquei com a impressão de que, em seus dias de juventude, ele deve ter tido uma sexualidade pouco sofisticada. Depois de trocarmos algumas palavras, Feynman murmurou um "vejo você por aí" e voltou a se concentrar no trabalho. Saí da sala.

Dias depois, esbarrei nele do lado de fora do Lauritsen Lab, um dos laboratórios do Caltech.

– Mlodinow, certo?

Fiquei lisonjeado por ele ter se lembrado do meu nome e feliz por não tê-lo pronunciado com um estranho sotaque russo. Perguntei-lhe aonde estava indo.

– Para o restaurante.

– Para o Athenaeum?

Naquela época, ao contrário do elegante Athenaeum – o preferido de Murray e da maior parte dos professores, onde os homens às vezes usavam gravatas e os garçons eram estudantes –, o outro restaurante na verdade era uma lanchonete, um lugar sem o menor glamour. A comida ali se parecia com a que eu imaginava que fosse servida num refeitório do Exército. Era mais conhecido pelo apelido, "o Seboso". Feynman limitou-se a me olhar. Aparentemente, o Athenaeum não fazia seu estilo. Ele me convidou a acompanhá-lo até o Seboso.

A lanchonete do Caltech havia introduzido uma maneira inovadora de fazer hambúrgueres. Os empregados fritavam parcialmente dezenas deles lá pelas dez horas da manhã e os deixavam empilhados num canto da grelha. Quando alguém pedia um hambúrguer, eles apanhavam um da pilha e terminavam de fritá-lo. Essa técnica culinária acabou revelando que aquela cozinha tinha muito em comum com o laboratório de microbiologia. A não ser pelo fato de que os hambúrgueres eram provavelmente mais baratos do que o ágar-ágar que o laboratório usava para cultivar bactérias. Chegamos lá por volta das duas da tarde, quando já estava quase fechando. Àquela altura, os hambúrgueres meio cozidos já deviam estar sendo mantidos mornos por várias horas. Um novato ainda ingênuo a respeito dos macetes do Caltech, pedi dois deles – um com fritas, outro com cebola. Para mim, aquilo era o café da manhã.

Nós nos sentamos. No Seboso, Feynman costumava atrair sempre uma roda à sua volta, mas já não havia mais ninguém por lá. Ficamos ali em silêncio por um momento. Tentei pensar em alguma coisa inteligente que pudesse falar para quebrar o gelo. Minha mente estava vazia. O sentimento era bem parecido com o que experimentei anos mais tarde, quando, em Cannes, recebi um prêmio por um software que tinha desenvolvido. Estava num palco, sob os refletores e sob os olhos de milhares de pessoas. Depois de murmurar algumas palavras decoradas, estava pronto para fugir para os bastidores. Mas a linda estrela da TV francesa que atuava como apresentadora me surpreendeu fazendo uma pergunta. Não consegui pensar em nada para dizer a ela – nem mesmo no meu nome. Era como se os refletores tivessem saturado os circuitos dos meus neurônios tornando impossível qualquer pensamento inteligente. Desejei ser bonito o bastante para seduzir todo mundo apenas com meu sorriso, depois acenar e sair de cena, como uma estrela. Em vez disso, fiquei lá parado, completamente constrangido, enquanto ela mesma respondia à sua própria pergunta.

Com Feynman foi mais fácil. Ele olhou para a minha bandeja, depois para mim e sorriu.

– Eu costumava comer demais – disse. – Se gostasse realmente da comida, eu comia até me sentir mal. Era uma coisa idiota. Não faço mais isso.

– Acho que poderia aprender muito com você – disse, mas percebi como aquilo provavelmente pareceu idiota.

– Bem, não sei o que é bom para ninguém, com exceção de mim mesmo.

Outro silêncio. Minha cabeça estava a mil. Sabia que outros logo viriam se sentar conosco e eu teria deixado escapar a chance de conseguir um conselho dele. Tinha vontade de dizer: "Como posso saber se sou inteligente o bastante para estar aqui?"

Em vez disso, perguntei:

– Tem lido algum livro legal nos últimos tempos?

Ele se limitou a dar de ombros.

– Tenho lido alguma coisa sobre o processo da descoberta – eu disse, tentando não deixar a conversa morrer. Na época, eu estava lendo *The Act of Creation* (O ato da criação), de Arthur Koestler.

– E aí? Aprendeu alguma coisa? – ele perguntou. Esse era Feynman. Sempre demonstrando interesse.

– Estou com dificuldade para deslanchar minhas pesquisas, então pensei que isso poderia ajudar.

– Sim. Mas você *aprendeu* alguma coisa?

Agora ele estava levemente chateado porque eu não tinha respondido à sua pergunta. Eu me senti como se tivesse sido repreendido. Ainda não estava bem certo do que tinha aprendido, então lhe contei a respeito do trecho que acabara de ler. Tentei fazer aquilo parecer dramático.

– Aconteceu em Berlim, 1914. Imagine uma fria manhã de primavera. Lá fora soam os sinos de uma igreja. Na sua sala, na Universidade de Berlim, Einstein medita sobre a ainda inacabada teoria da relatividade. Num laboratório não muito longe dali, numa grande jaula de aço, uma jovem chimpanzé chamada Nueva usa um pedaço de pau para juntar num monte todas as cascas de banana espalhadas. Dentro de poucos anos, esse episódio seria contado num livro famoso, *The Mentality of Apes* (A mentalidade dos macacos). Enquanto dá uma olhada à sua volta, porém, Nueva não se importa em ter ou não fama. Seu mundo é simples. Comer, beber, dormir...

– Não se esqueça do sexo – lembrou ele, com entusiasmo. Descobri que Feynman sempre dava um jeito de incluir o tema do sexo nas conversas. Fiquei contente em ver que estava conseguindo prender sua atenção.

– Sim, e fazer sexo, achar um parceiro. Mas no momento ela está faminta, e cascas de banana não vão resolver o seu problema. Enquanto Nueva analisa sua difícil situação, um professor chamado Koehler a examina. Ele, como Nueva e Einstein, também precisa saciar um tipo de fome, e suas anotações estão destinadas a alimentar muitos livros e artigos. Koehler oferece uma banana para Nueva, só que não lhe faz o favor de pôr a comida dentro da jaula. Em vez disso, ele a coloca no chão, mas fora do alcance dela, além das grades.

– Sujeito cruel – observou Feynman.

– Ele está lhe propondo um desafio – eu disse. – Para comer, Nueva terá de descobrir como conseguir as bananas. Primeiro, ela faz o óbvio. Avança para as grades e estica o braço para fora. Tenta agarrar as frutas, mas elas estão longe demais. Ela se atira no chão da jaula e rola de desespero. Não muito longe dali, Einstein está em meio a nove anos de trabalho dedicados à teoria da relatividade e ainda a dois anos de encontrar sua grande solução.

– E provavelmente se sentindo como Nueva – disse Feynman.

Concordei com a cabeça e sorri. Lá estávamos nós, Feynman e eu, conversando sobre pesquisas e frustrações. Eu e Feynman, de igual para igual! Estava rolando uma sintonia entre nós. Eu estava feliz. Continuei.

– Passam-se sete minutos. De repente, Nueva olha para o pedaço de pau. Ela pára de se lamentar e o agarra. Nueva o estica para fora da jaula na direção das frutas e puxa as bananas até que elas estejam ao alcance do seu braço. Ela fez uma descoberta.

– E o que esse episódio lhe ensinou? – Feynman perguntou, sem me deixar escapulir. Tive consciência de que estava feliz ao perceber que pensamentos inteligentes estavam agora tomando forma na minha mente em resposta à sua pergunta.

– Nueva possuía duas habilidades. Uma delas era empurrar coisas por aí com um pedaço de pau. A outra era esticar o braço através das grades para tentar pegar algo. Sua descoberta foi perceber que ela poderia conjugar duas habilidades aparentemente discrepantes. Isso transformou sua velha ferramenta, o pedaço de pau, num tipo de instrumento completamente diferente. Da mesma forma que Galileu fez ao usar o telescópio – que ele inventara como um brinquedo – para examinar o céu. Muitas descobertas são assim, significam novas maneiras de olharmos para velhas coisas ou velhos conceitos. Mas as matérias-primas dessas descobertas estavam lá o tempo todo. E é por isso que as descobertas podem parecer surpreendentes no momento em que são feitas, mas são simples e óbvias aos olhos das gerações seguintes. Então acho que aprendi alguma coisa sobre a psicologia das descobertas. Algo que eu talvez possa pôr em prática um dia.

Ele olhou para mim por um momento.

– Está perdendo seu tempo – ele disse. – Você não aprende como descobrir as coisas lendo livros sobre isso. E essa história de psicologia não passa de conversa fiada.

Senti como se ele tivesse me dado uma bofetada. Mas aí, depois de fazer uma pausa, ele olhou nos meus olhos e, procurando ser simpático, disse com um sorriso maroto:

– Pois o que eu aprendi com sua história foi que, se um macaco pode fazer uma descoberta, você também pode.

6

Muitas semanas se passaram e acabei me aproximando de Feynman, mas não me tornei seu amigo. Começamos a ficar mais à vontade quando conversávamos, principalmente porque eu já não me sentia tão nervoso ao seu lado. Perguntei-lhe se poderia gravar algumas de nossas conversas, pois pensava escrever algo a seu respeito. Não sabia exatamente o que, talvez um artigo para uma revista. Já não estava tão certo de que ainda podia me dedicar à física, porém sempre gostei muito de escrever. Para mim, era mais uma estratégia de fuga, como ir ao cinema. E ele parecia não se incomodar – apreciava ter uma platéia.

Era um dia frio. O campus estava tranqüilo e os poucos estudantes que perambulavam por ali se mantinham silenciosos. O escritório de Feynman era funcional. Os quadros-negros estavam cobertos de cálculos matemáticos – a maior parte com os diagramas que ele inventara na juventude. Havia uma mesa, um sofá e, ao lado deste, uma mesinha e algumas estantes. Nada ali sugeria ostentação. Nenhum indício de que ele era um dos mais famosos e respeitados cientistas do século XX. Feynman estava falando sobre o assunto que mais me interessava – teria eu realmente aquele algo mais que faz de alguém um cientista?

Ele disse:

Não pense que ser um cientista é algo assim tão diferente. Uma pessoa comum não está tão distante de um cientista. Talvez ela não tenha muito a ver com um artista ou poeta, mas também duvido disso. Acredito que no sentido comum da vida cotidiana há muitos tipos de pensamento que ocorrem aos cientistas. Todas as pessoas partem de determinadas coisas da vida normal para chegar a certas conclusões sobre o mundo. Elas fazem coisas que não existiam, como desenhos, textos e teorias científicas. Há algo comum nesse processo? Não vejo tanta diferença assim entre isso e o trabalho do cientista.

Por exemplo, uma pessoa comum pode mentir, mas mentir requer um pouco de imaginação. E é preciso criar uma história que seja de algum modo compatível com a natureza e possa até se adequar a determinados fatos. Às vezes fazem um bom trabalho. Não precisam ser cientistas ou escritores para isso.

Será a ciência algo mais fantástico do que a pessoa que diz: "Mary ainda não voltou para casa, aposto que ela foi almoçar no restaurante X, porque gosta de comer nesse lugar. Vamos ligar para lá?" Você telefona e Mary está lá. Isso é criatividade? A pessoa comum pega determinadas idéias fornecidas pela sua experiência e as combina com o objetivo de ver outra coisa ou alguma relação. Toda vida e todo comportamento comuns envolvem um tipo de atividade humana que, para mim, parece muito semelhante.

Os cientistas realmente pensam de uma forma construtiva. Fazemos uma pergunta a um cientista e aquilo passa a preocupá-lo, mas não do mesmo modo como ocorre com uma pessoa comum, que normalmente diria: "Fico imaginando se aquele doente vai ficar bom." Isso não é pensar, é apenas se preocupar. O cientista tenta construir algo com base nisso. Ele procura chegar a uma conclusão, a uma solução – e não unicamente se inquietar.

O cientista analisa uma coisa do mesmo jeito que um detetive, que tenta descobrir, baseando-se em pistas, o que aconteceu quando ele não estava ali. Estamos tentando compreender o que é a natureza, considerando certos sinais proporcionados por nossas experiências. Temos as pistas e procuramos chegar a uma conclusão. Nossa atividade está mais próxima do trabalho de um detetive do que de qualquer outra coisa.

Por algum motivo não conseguia imaginar Feynman como um Sherlock Holmes. Essa imagem se adequava mais a Murray, uma pessoa que sempre parecia estar andando por aí murmurando "Elementar..." para qualquer um que encontrasse. Ele pertencia à escola dos físicos do tipo eu-posso-conseguir-porque-sou-mais-esperto-do-que-todo-mundo. Murray, é claro, *era* mais inteligente do que todos. Mas eu não era. A maneira de Feynman se vestir e falar assemelhava-se mais à de um operário, a de um cara comum que era físico, o que fazia mais o meu gênero. Tendo isso em mente, a metáfora sobre o detetive de repente fez sentido para mim – e eu a achei estimulante. Sabia que havia detetives desajeitados, como Rockford e Columbo, e sujeitos comuns, como Sam Spade, que, no entanto, conseguiam desvendar o mistério do mundo à sua volta.

Mesmo assim, quando voltei para o meu apartamento naquela noite, sugeri a Edward e Ray que fôssemos à biblioteca pegar um filme de Sherlock Holmes – concluí que, para um físico, ele era um modelo mais adequado do que Rockford. Como os vídeos ainda não existiam, tivemos que apanhar um projetor e passar o filme na parede do lado de fora do nosso prédio. A partir daquela semana, meus vizinhos e eu íamos lá para fora toda sexta-feira à noite e assistíamos ao mesmo filme: *O cão dos Baskervilles*. Queimando fumo e bebendo cerveja, nos sentávamos sob as palmeiras ao lado da piscina e mergulhávamos naquelas sombrias imagens em preto-e-branco. De vez em quando Edward se vestia como Sherlock, se bem que a substância no seu cachimbo não era do tipo que estimulasse as análises rigorosas e lógicas que caracterizavam Holmes. Juntos costumávamos adiantar em voz alta as manjadas falas de Basil Rathbone, como faria a platéia numa versão de 1939 de *The Rocky Horror Picture Show*. No final da noite, meu devaneio me colocava em algum lugar entre a decadência de Pasadena e a discrição européia, e eu ficava fascinado com a força do filme.

Feynman continuou:

> Na verdade, fazemos simplesmente algo comum e normal, porém com uma intensidade muito maior! As pessoas têm imaginação, só não a usam como poderiam. Criatividade é uma coisa que todo mundo possui, porém os cientistas a utilizam mais. O que não é comum é fazer isso com tanta intensidade, de modo que toda essa experiência seja acumulada ao longo de anos sobre um único assunto.
>
> O trabalho de um cientista consiste nas atividades normais de uma pessoa, no entanto ele as leva às últimas conseqüências de uma maneira bastante exagerada. As pessoas comuns não agem assim com tanta freqüência ou, como acontece comigo, pensam sobre o mesmo problema todo dia. Apenas idiotas como eu fazem isso! Ou Darwin, ou outro qualquer que se preocupe com a mesma questão. "De onde vêm os animais?" Ou: "Qual a relação entre as espécies?" Um cientista trabalha com um assunto e pensa sobre ele durante anos! O que eu faço é algo que pessoas comuns fazem com freqüência, porém eu faço mais, muito mais. Tanto que até parece coisa de maluco! Mas isso significa tentar realizar o potencial de um ser humano.
>
> Por exemplo, nem eu nem você temos músculos que saltam dos nossos braços como os dos fisiculturistas. Para nós isso seria impossível. Bem, eles trabalham e trabalham e trabalham seus músculos – até que ponto é possível aumentá-los? Como fazer o peito parecer maior? Eles tentam saber até onde podem chegar. E por isso realizam algo com uma intensidade extraordinária. Não quer dizer que não sejamos capazes de levantar um peso. Tudo o que eles fazem é levantar pesos muito mais vezes. Mas, como nós, estão procurando descobrir o maior potencial que pode ser atingido por um ser humano numa determinada direção.

O cientista como um atleta do cérebro? Eu acreditei nele? Será a genialidade criativa uma forma de malhação sináptica?

Eu entrei para o campo da física e prossegui com meus estudos nessa área com a idéia de que havia ali algo de místico. A caneta do físico pode fazer tremer a teologia com uma nova visão da criação ou mudar o mundo com uma invenção, como o rádio, o transistor, o laser... ou a bomba. O que aprendemos sobre física na escola estimula esse tipo de impressão: lemos sobre Einstein, o seu QI lá nas nuvens, empregando a lógica pura para deduzir a conexão entre espaço e tempo; ouvimos a descrição de Niels Bohr como alguém que tinha uma linha direta com Deus por causa de sua intuição para a física; brindamos a Werner Heisenberg, que sacudiu os alicerces da filosofia mecanicista ao formular o princípio da incerteza. Meus amigos consideravam todos esses físicos heróis míticos.

Quando pensam em cientistas, as pessoas costumam imaginá-los vestindo jalecos brancos. Pelo menos os físicos não usam esse tipo de roupa, mas num certo sentido eu incorria no mesmo equívoco: a idéia de que os cientistas, de algum modo, eram diferentes das outras pessoas. Eu lia a respeito de suas teorias seguindo uma rigorosa corrente de desdobramentos lógicos que, na verdade, só foi estabelecida muito depois da descoberta consumada. Nada sabia da insegurança que eles sentiam, dos pontos de partida que não levaram a lugar nenhum, da sua confusão, dos dias em que ficaram de cama. Mesmo na minha época de estudante na faculdade, nunca cheguei a conhecer melhor um professor, um físico, como pessoa. Eles estavam lá para responder às nossas perguntas, mas havia entre nós a mesma distância que separa os ricos dos pobres. Agora eu integrava o quadro de uma faculdade, era um cientista de verdade, e era isso que fazia tudo parecer tão estranho. Não me via como alguém diferente; porém, se os cientistas não eram pessoas iguais às outras, como eu poderia ser um deles? O que Feynman estava me dizendo era: não se preocupe, eles não são diferentes. Estava simplesmente compreendendo isso, o que era um consolo.

A idéia reconfortante de que todo mundo está apenas andando aos tropeções em meio a uma intensa neblina apresenta um outro lado que de repente me ocorreu: a de que havia uma enorme probabilidade de que muitos deles estivessem caminhando na direção certa, mas não aos tropeções. Quem estaria rumando para um beco sem saída e quem estaria indo ao encontro do sucesso? Quem teria seu trabalho esquecido e quem teria sua obra lembrada para sempre? O que valeria a pena fazer e como ter certeza disso? Eu não tinha as respostas, mas voltei a pensar naquela conversa introdutória com o diretor do departamento. "Explore, veja o que as pessoas estão fazendo", ele disse. Decidi me abrir para os outros.

7

O primeiro sujeito com quem tentei um contato foi um cara chamado Stephen Wolfram que ocupava uma posição semelhante à minha. Nós nos encontramos para almoçar num lugar que tinha a pretensão de ser uma delicatessen italiana. Wolfram pediu um rosbife malpassado. Nada de pão. Nem batata frita. Nem picles. Só meio quilo de carne vermelha. Pedi um sanduíche comum, com batatas fritas e tudo. Apesar dos nossos gostos divergentes em matéria de comida, logo estávamos tendo uma conversa bastante agradável. À primeira vista, ele pareceu um cara legal, mas aos poucos fui descobrindo algumas coisas que me deixaram assustado. Como o fato de ele ter estudado em Oxford, publicado seu primeiro trabalho científico aos 15 anos e recebido o Ph.D. em física teórica no Caltech aos vinte. Não, decidi, nunca poderíamos ser amigos. Anos depois, eu teria notícias dele pela imprensa – fundando uma empresa de software de enorme sucesso e, mais tarde, publicando um livro famoso, fruto da teoria que lhe era mais cara, a dos autômatos celulares. Gente comum? Fiquei imaginando se Feynman tinha conhecido aquele cara.

Poucos dias depois cheguei à minha sala sentindo dor de cabeça. Tinha ficado acordado até às quatro da manhã com Ray, que andava deprimido porque não conseguia arranjar uma namorada. Nos últimos tempos, ele parecia incrivelmente dedicado a essa tarefa. Murmurava coisas para si mesmo, às vezes em espanhol, nas poucas ocasiões que nos lembravam de que seu nome verdadeiro era Ramón, não Ray. Se começasse a tocar uma canção de amor no rádio, ele dizia palavrões, mudava de estação ou – fez isso uma vez – destruía o aparelho. Ray pensava sobre seu problema com as mulheres noite e dia. Aquilo o estava consumindo. Comecei a pensar nele, valendo-me da análise de Feynman, como um cientista faria. O seu campo era o amor e, como Darwin ou Feynman, ele se ocupava com a mesma questão o tempo todo – nesse caso, encontrar uma garota. Como Ray vinha falando sobre suicídio e tinha uma arma, considerei um dever me certificar de que ele não a usaria. Então o mantinha longe das drogas. No lugar delas, bebíamos martínis. Desenvolvemos uma espécie de solidariedade mútua pelo fato de sermos atormentados por problemas semelhantes. Nenhum de nós dois era capaz de encontrar a amante que desejava. A amante, no meu caso, era um problema estimulante com que pudesse me ocupar.

Da minha sala ouvi Murray, do outro lado da parede, gritando com alguém no telefone, o que não ajudou em nada a minha dor de cabeça. Parece que era alguma coisa relacionada a um banco, um gerente ou algo assim, e ele ou ela estava agindo de maneira idiota a respeito de uma questão qualquer. Murray ficava irritado de verdade quando as pessoas não sabiam certas coisas ou não conseguiam entender uma idéia tão rapidamente quanto ele. A menos, claro, que fosse Feynman – nesse caso, se deliciava com isso. Como Murray possuía um conhecimento de proporções enciclopédicas e o saber de Feynman se concentrava na matemática e nas ciências, não faltavam assuntos sobre os quais ele pudesse falar e deixar Feynman em desvantagem.

Mastiguei algumas aspirinas e fiquei imaginando o que iria fazer. Já havia atravessado fases difíceis entre dois trabalhos, períodos que passei apenas lendo e pensando, tentando arrumar uma boa idéia ou um bom problema para resolver. Isso é normal com um físico teórico. Mas não a incapacidade para me concentrar que enfrentava agora. Decidi fazer uma visita a um jovem professor no fim do corredor. Imaginei que talvez pudéssemos trabalhar juntos em alguma coisa. Ele parecia acessível e havia produzido uma famosa dissertação de doutorado relacionada à força forte.

Um dos aspectos que tornam a física mais atraente é a magnitude das idéias que precisamos considerar. Pode parecer tedioso passar o dia brincando com expressões matemáticas, mas tudo vai se tornando emocionante quando compreendemos que, ao estudarmos a força forte, estamos explorando uma energia maior do que qualquer coisa que possa ser encontrada na mais fantasiosa ficção científica. Sem ela, a repulsão existente entre os prótons com cargas elétricas positivas no núcleo acabaria fazendo explodir cada átomo no universo, com exceção daqueles do gás de hidrogênio, cujo núcleo consiste em prótons solitários. Quando pensamos no assunto dessa forma, a energia e o potencial do que é possível descobrir parecem quase ilimitados.

Os físicos acreditam que os quarks de Murray nunca foram vistos isoladamente por causa da força forte que une essas partículas umas às outras. Mas havia um problema com essa explicação: de acordo com as observações experimentais, quando partículas como os prótons eram esmagadas umas contra as outras, elas se comportavam como se as partículas no seu interior – o que Feynman tinha chamado de pártons, mas que todo mundo acreditava serem os quarks – pudessem balançar-se livremente. O que fazia com que se movessem com tamanha liberdade se eram ligadas de forma tão estreita? Como era muito difícil calcular as conseqüências da cromodinâmica quântica – a teoria da força forte –, a resposta a essa pergunta nada tinha de óbvia. O jovem professor no final do corredor havia escrito um trabalho que dera o passo decisivo para a solução do problema. A resposta, como se soube mais tarde, era que, segundo a cromodinâmica quântica, a força forte, ao contrário das outras forças fundamentais, ficava mais forte com a distância. Se pudéssemos separar dois quarks a uma distância de cerca de dois centímetros (o que não se consegue fazer), eles seriam submetidos a uma atração inimaginável; dois quarks dentro de um próton mal afetam um ao outro e se comportam como se fossem livres.

Para escapar das conseqüências da força forte, não se deve fugir, mas se aproximar. Ainda que fosse uma novidade na física, esse comportamento era muito semelhante ao das forças humanas que agiam sobre mim no Caltech. Eu estava lá, supostamente com toda a liberdade, para fazer o que quisesse. E, uma vez que agisse como um cientista sério trabalhando em uma pesquisa importante, eu me sentiria livre realmente. No entanto, não me sentia livre para dizer algo idiota. Não me sentia livre para fracassar. Não me sentia livre para fazer qualquer coisa a não ser ficar obcecado com uma pesquisa – mas não com qualquer tipo de pesquisa.

Na cultura do mundo da física em meio à qual eu cresci havia uma hierarquia de respeitabilidade. Minha sala ficava no andar que abrigava os teóricos das partículas elementares – aqueles que, como Feynman e Murray, trabalhavam na teoria das forças fundamentais e das partículas da natureza. Eles tendiam a menosprezar um pouco os outros, como os biólogos, os químicos e a maioria dos outros físicos, cuja atividade está mais centrada na aplicação prática das leis fundamentais do que em sua descoberta. Por essa visão, mesmo a física do estado sólido, que levou a invenções como a do transistor e, portanto, à nossa moderna era digital, é considerada um campo de menor importância. "Física do estado esquálido", Murray costumava chamá-la.

Eu imaginava que seria possível mapear esse cenário cultural com a ajuda das linhas de círculos concêntricos, como quando jogamos uma pedra em um lago. Visualizei, no primeiro plano, no centro do círculo, os diferentes aspectos da teoria das partículas elementares. Era ali onde Feynman, Murray e a maior parte dos outros que estavam naquele andar trabalhavam. A região ao redor representava a matemática e as outras áreas da física teórica. Mais afastadas ficavam as áreas marginalizadas da física experimental. Finalmente, na parte mais distante, havia algumas pequeninas ondas – a física aplicada, as ciências que lidavam com organismos vivos e outras especialidades que mal mereciam atenção. Enquanto continuasse perto do centro do mundo, tinha liberdade para vagar por ali. Mas, quanto mais longe dele a minha pesquisa me levasse, maior seria a força que sentiria me puxando de volta.

Feynman sempre fez questão de ignorar essas forças. Ele se interessava por todos os campos da física, por todas as ciências e por muitos outros esforços relacionados à criatividade. Mesmo socialmente, não se enquadrava nas regras. Apesar de ser esperado que se portasse com certo decoro profissional, ele não hesitava em ir a uma boate de strip-tease para meditar sobre seus problemas no campo da física. Uma vez ali, seria natural que tomasse bebidas alcoólicas e desse em cima das strip-teasers. Mas ele não bebia e mantinha-se fiel à sua mulher. O que eu não entendia na época era que eu também tinha o poder de ignorar a força representada pelas expectativas das outras pessoas.

Nesse período não me ocorreu a idéia de aplicar a análise da força forte à minha própria situação, mas ainda assim era atraído pela perspectiva de procurar aquele jovem professor. Também percebi que, assim como eu, ele tinha obtido sucesso muito cedo e conseguido dar o passo seguinte – obter uma cadeira de professor titular no Caltech; por isso, prometia ser um bom mentor para mim.

Entrei na sala dele. O escritório era enfeitado com várias plantas e um pôster dos Huntington Gardens, um famoso jardim botânico das redondezas. Aquela era a segunda vez na vida que eu via plantas na sala de um físico. Na outra ocasião, eu as encontrara na sala de um físico matemático que conheci certa vez, mas na verdade não contava porque elas já tinham morrido por falta de água muito tempo antes.

O jovem professor era um sujeito grandalhão e rechonchudo. Ele parecia alegre. Depois de um rápido papo inicial, tentando sempre parecer o mais casual possível, eu perguntei em que ele andava trabalhando. Minha despreocupação deve ter parecido exagerada porque ele me olhou de uma maneira estranha.

– Só estou dando umas voltas por aí, me familiarizando com o que cada um está fazendo aqui neste andar – eu disse.

– Entendi – ele sorriu. Mas não me respondeu.

– Então... em que está trabalhando? – perguntei de novo.

– Ah, você não ia querer mesmo trabalhar nisso.

– Nunca se sabe – eu respondi.

O professor continuou sorrindo, mas não falou nada. Fiquei olhando para ele do mesmo jeito que um motorista fica olhando para um sinal, esperando que a luz verde acenda. Mas o sinal não mudou.

Certa vez, li algo sobre um estudo segundo o qual a característica mais estreitamente associada ao sucesso na faculdade era a persistência. Percebia que na área da sociologia os pesquisadores costumavam ter essa característica em excesso – eles prosseguiam tirando conclusões muito além do ponto da validade estatística. Mesmo já sendo um cara persistente, em várias ocasiões me senti confortado pela conclusão daquele estudo.

– Então, em que está trabalhando? – insisti.

Ele deu de ombros.

– Atualmente... tenho me dedicado mais à jardinagem. – Seu sorriso permaneceu estável enquanto respondia.

Lá fora, no corredor, cheguei à conclusão de que ele merecera a posição de professor que havia conquistado, mas mesmo assim caiu no meu conceito. Dar aulas de ciência não era a mesma coisa que ser um cientista, e, para mim, naquela época, isso não estava à altura da sua posição. A partir daquele dia, sempre pensei nele como o professor Jardinagem.

Encontrei meu amigo Constantine. Ele era de Atenas e estava fazendo pós-doutorado. Filho de pai grego e mãe italiana, ele parecia ter herdado dela uma impecável noção de estilo, tanto na maneira de se vestir quanto no modo como via a física.

– Não sabia da história dele? – sussurrou. – Esse já deu tudo o que tinha que dar. Obteve o cargo de professor logo depois de concluir a faculdade porque seu nome estava sendo tremendamente disputado. Mas acabou se revelando um mágico de um coelho só – Constantine observou com um sorriso irônico.

Um mágico de um coelho só. Devolvi o sorriso irônico mais por obrigação, pois eu estava pensando: "Igualzinho a mim." Exceto pelo fato de ninguém ter cometido o erro terrível de me nomear professor. Dentro de poucos anos eu estaria completamente perdido e, a exemplo do meu vizinho, seria obrigado a conseguir um emprego deprimente na indústria bélica. No entanto, não conseguia me ver projetando mísseis, pelo menos não sem ter a palavra final sobre contra quem eles seriam usados.

Minha cabeça ainda estava doendo, então fui até Helen, a secretária do departamento, atrás de uma aspirina. A sala dela era ao lado da de Murray – na verdade, entre a dele e a de Feynman – e bem em frente à minha. Ela estava no departamento havia tanto tempo quanto aqueles dois. Quando estava me aproximando de sua sala, eu a ouvi falar com alguém lá dentro:

– Nossa, você arrasou com aquele caixa do banco.

E então a voz de Murray:

– Ah, você ouviu aquilo?

– Como poderia não ter ouvido? – disse Helen.

Murray surgiu de dentro da sala. Ele me cumprimentou com um movimento de cabeça. Respondi com um gesto igual. Fui ver Helen.

– Está com dor de cabeça? – ela perguntou quando lhe pedi as pílulas. – Não me surpreende.

Eu olhei para ela. O que queria dizer com aquilo?

– Se não se importa que eu diga isso, não está parecendo nada feliz ultimamente.

– Ah, estou só... meio enrolado para decidir qual será o meu próximo trabalho.

– Bem, não entendo nada de física, mas me parece que isso acontece com todo mundo. Pelo menos com os que não desistiram.

– Aposto que não acontece com Feynman – eu respondi.

– O professor Feynman? Ele também passou por longos períodos de seca. Todo mundo sabe disso, pelo menos todo mundo por aqui. Mas ele sempre dá a volta por cima. Tenho certeza de que você também vai dar.

Ela me entregou as pílulas e então disse:

– Se não conseguir, vai arrumar outra coisa para fazer na vida. Você ainda é jovem.

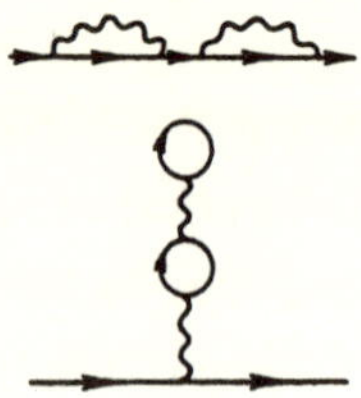

8

Em seus anos de trabalho no campo da física, Feynman solucionou muitos dos mais difíceis problemas do pós-guerra. Entre uma descoberta e outra, como vim a saber mais tarde, ele passou por alguns longos períodos de inatividade. Mesmo assim, sempre deu um jeito de voltar à ativa. Enquanto Murray trabalhou quase exclusivamente no campo da física dedicada às partículas elementares, Feynman fez contribuições importantes em muitas áreas – física de baixa temperatura, óptica, eletrodinâmica. Ele parecia ter o talento para escolher o problema certo, na hora certa. Fiquei imaginando que abordagem adotaria? O que exigia mais talento: escolher o problema certo, o desafio que estava enfrentando agora ou encontrar a solução? E, uma vez que tivesse fechado seu foco numa questão, o que seria preciso para resolvê-la?

Quando você veio aqui pela primeira vez e me pediu que discutisse a forma como eu abordava um problema, entrei em pânico. Na verdade, não tenho a menor idéia. Acho que seria a mesma coisa que perguntar a uma centopéia com que perna ela começa a andar. Preciso pensar um pouco, tentar olhar minha experiência e mencionar alguns exemplos.

Em alguns casos, encontrar o problema com o qual se vai trabalhar pode ser o resultado de uma excelente imaginação criativa. E resolvê-lo talvez não exija a mesma habilidade. Mas há casos na matemática e na física em que ocorre a situação inversa: os problemas tornam-se mais ou menos óbvios e a sua solução muito difícil. É quase impossível não perceber o problema e, mesmo assim, as técnicas e os métodos conhecidos naquele momento, bem como a quantidade de informação disponível, serem escassos. Nesse caso, a solução é a parte realmente engenhosa do processo.

Um ótimo exemplo é a teoria da relatividade e da gravidade de Einstein – a teoria geral da relatividade. Estava claro que era necessário descobrir um jeito de combinar essa teoria especial da relatividade – a de que a luz viaja a uma certa velocidade, c, com o fenômeno da gravitação. Não se pode ter, por um lado, a velha gravidade newtoniana com velocidades infinitas e, por outro lado, a teoria da relatividade que limita velocidades. Então, era necessário modificar de alguma forma a teoria da relatividade.

A gravidade tinha que ser mudada para se adequar à teoria da relatividade, segundo a qual a luz se move a uma determinada velocidade. Bem, não é muita coisa com que se possa começar. Como fazer isso? Esse era o desafio!

Que isso precisava ser feito era óbvio para Einstein, mas não para todo mundo, pois, para eles, a teoria especial da relatividade ainda não era óbvia. Mas Einstein já tinha ultrapassado esse ponto. Então ele viu esse outro problema. Era evidente, mas foi a maneira de solucioná-lo que exigiu o máximo de imaginação. Os princípios que teve que desenvolver! Ele usou o fato de que as coisas não têm peso quando caem. Exigiu muita imaginação mesmo.

Ou tomemos o problema no qual estou trabalhando agora. É perfeitamente óbvio para todo mundo. Existe essa teoria matemática chamada cromodinâmica quântica que supostamente explica as propriedades dos prótons e nêutrons, e assim por diante.

No passado, quando tínhamos uma teoria e queríamos descobrir se estava certa, bastava ver o que acontecia na teoria e compará-la a uma experiência. No caso em questão, as experiências realmente já foram feitas. Conhecemos um monte de propriedades dos prótons. A dificuldade é que se trata de algo novo e não sabemos como calcular as conseqüências dessa teoria, porque não temos o poder matemático.

Inventar um jeito de fazer isso. Como? É preciso criar uma maneira. Não sei como resolver. Nesse caso, o problema é óbvio e a solução difícil.

Foram necessários muitos esforços em termos de imaginação para se chegar a essa teoria. As pessoas foram percebendo padrões e gradualmente descobrindo coisas – inclusive, e finalmente, os quarks – para, em seguida, tentarem encontrar a teoria mais simples. Enfim, houve uma longa história que acabou produzindo esse problema específico. Levamos muito tempo para alcançar esse ponto, mas agora nossos narizes estão sendo praticamente esfregados nisso.

Esfregar nossos narizes nisso. Era uma expressão bem interessante para se usar. Para mim, era um consolo ouvir de Feynman que também ele se sentia frustrado.

No momento estou trabalhado nesse problema, e ele é muito difícil. É o que venho fazendo nos últimos dois anos. A minha primeira tentativa foi buscar um tipo de solução matemática, resolvendo algumas equações. Como fiz isso? Como visualizei dessa forma? Isso talvez tenha sido determinado pela dificuldade do problema. Nesse caso, eu simplesmente tentei de tudo. Tenho experimentado um método, depois outro. Talvez seja isto que eu faça: testo diferentes tipos de coisas o máximo possível e, se elas não dão resultado, passo adiante para experimentar outra maneira. Dessa vez, porém, compreendi que não podia agir desse modo. Constatei que nenhum dos meus truques tinha dado certo.

Então pensei: "Bem, se entendi em linhas gerais o jeito como essa coisa se comporta, isso me diz mais ou menos que tipo de formas matemáticas eu posso tentar." Depois, passei um bocado de tempo pensando em seu funcionamento básico.

Nesse caso há também aspectos psicológicos. Primeiro, nos últimos anos tenho escolhido apenas os problemas mais difíceis. Gosto deles, aqueles que ninguém resolveu e que, portanto, não me oferecem chances muito altas de eu vir a encontrar a resposta. Mas hoje sinto que pelo fato de já ter uma posição, um cargo aqui, não me incomodo em levar o tempo que for preciso para trabalhar num projeto de longo prazo. Não tenho a preocupação de me formar dentro de um ano. É verdade que fisicamente posso não durar tanto tempo, porém não fico me afligindo com isso.

Sua doença estava o tempo todo presente na sala conosco, um anjo da morte esperando pacientemente a sua deixa.

O aspecto psicológico que considero em seguida é: preciso pensar que dentro de mim existe uma espécie de atalho que me permite chegar lá. Isto é, possuo algum tipo de talento que os outros caras não estão usando ou uma maneira diferente de ver as coisas, e eles estão sendo uns idiotas por não perceberem esse jeito maravilhoso de encarar o problema. Tenho que imaginar que minhas chances, por uma razão qualquer, são um pouquinho maiores do que as dos outros. Bem no meu íntimo, sei que isso provavelmente não é verdade e que essas pessoas pensaram da mesma forma. Mas não me importo. Eu quero me enganar achando que conto com uma chance extra, que sou capaz de dar uma contribuição. De outro modo, precisarei esperar que alguém faça isso, seja lá quem for.

Mas minha abordagem parte do pressuposto de que nunca faço exatamente o mesmo que as outras pessoas. Sempre acho que minha intuição me diz algo mais, sempre experimento outra maneira. E penso que é justamente porque estou testando outro jeito que vou conseguir. Eles não têm nenhuma chance. Exagero as coisas e tenho de estar à altura desse exagero. É como os africanos quando iam para a batalha, batendo tambores e se exaltando. Falo comigo mesmo e me convenço de que o problema pode ser abordado pelos meus métodos e que os outros caras não estão sabendo fazer a coisa direito. Então vou fazê-la de um modo diferente. Fico me dizendo isso e vou me entusiasmando.

A questão é que quando existe um problema difícil, é necessário trabalhar por longos períodos e ser persistente. Para ser persistente, é preciso estar convencido de que vale a pena trabalhar tão duro, de que você realmente vai chegar a algum lugar. E isso requer, em certa medida, enganar um pouco a si mesmo.

Em relação a esse último problema com o qual vinha trabalhando, eu realmente enganei a mim mesmo. Não consegui chegar a lugar nenhum. Não podia dizer que minha abordagem fosse muito boa. Minha imaginação não estava cooperando. Eu visualizava como a coisa funcionava em termos qualitativos, mas não era capaz de ver como ela funcionava quantitativamente. Quando um problema é de fato resolvido, isso se dá exclusivamente como resultado da imaginação. Assim, é possível dizer algo grandioso a respeito do modo como a solução foi descoberta. Mas é simples – isso será feito com imaginação e persistência.

Pessoas que nunca trabalharam com física costumam descrevê-la com palavras como árida, exata e precisa. Mas a física da vida real está tão distante dessa idéia como a prática da lei em relação aos debates teóricos da faculdade e a prática da medicina em relação à teoria da fisiologia e da doença. Ainda que a lei consista em regras bem definidas, sua aplicação está sujeita à interpretação, conhecimento incompleto, considerações práticas e à psicologia dos que estão envolvidos num julgamento. A ciência médica pode detalhar os sintomas de uma doença, mas poucos pacientes pisam num consultório recitando trechos de livros técnicos sobre a sua enfermidade. Com a experiência que vão adquirindo, os médicos aprendem a fazer diagnósticos.

A física também é uma arte. Poucos problemas verdadeiros nesse campo podem ser "resolvidos", no sentido exato da palavra. Para um físico, o ato de elucidar um deles requer a avaliação de quais aspectos de determinado fenômeno constituem sua essência e quais podem ser ignorados, à qual parte da matemática devemos permanecer fiéis e quais têm que ser alteradas. Um átomo de hidrogênio, por exemplo, consiste em um elétron descrevendo uma órbita em torno de um único próton. É apenas um dos mais de cem tipos de átomos cujas equações quânticas podem ser solucionadas com exatidão. E quando se faz algo tão simples quanto colocar o átomo de hidrogênio num campo magnético, as equações, alteradas para incluir o campo magnético, não podem ser resolvidas. Portanto, para encontrar a luz emitida por um átomo de hidrogênio num campo magnético, é necessário simplificar. É possível partir do pressuposto de que o essencial é o campo magnético e deixar de lado os termos matemáticos que envolvem o próton. Também é possível começar com base no princípio de que o próton é o principal e relegar a segundo plano os termos que representam o campo magnético. Ou, como fiz na minha tese de doutorado, reescrever as equações como se o mundo tivesse dimensões infinitas. O ato de solucionar um problema de pesquisa no campo da física implica adotar uma suposição atrás da outra, uma aproximação após outra. Esses grandes saltos de imaginação costumam ser chamados de "pensar fora da caixa". Eles envolvem a capacidade da pessoa de ir adiante, seguir sua intuição e aceitar que ela não compreende plenamente o que está fazendo. E, acima de tudo, é preciso que acredite em si mesma.

A abordagem de Feynman para encontrar a solução para a cromodinâmica quântica consistia em escrever uma teoria numa forma simplificada e identificar as propriedades dessa teoria que se enquadravam nessa hipótese. O trabalho que ele vinha realizando sobre a questão lembrava uma de suas mais famosas pesquisas anteriores – a teoria do hélio líquido. O problema era explicar teoricamente algumas propriedades bastante bizarras desse fluido. Por exemplo, ele não ferve, mas, quando colocado num recipiente de laboratório, sobe pelas beiradas, vazando até o vidro ficar vazio. Depois de ver que alguns físicos não conseguiam resolver o problema numa abordagem direta, Feynman, no seu estilo babilônio habitual, decidiu que o melhor enfoque seria "usar analogias com sistemas mais simples, traçar desenhos e arriscar suposições plausíveis". Essa era a sua marca registrada: nada de recorrer à poderosa matemática, mas à poderosa imaginação, aliada a uma compreensão do mundo físico. Ele resolveu o problema do hélio numa série de famosos artigos científicos em meados dos anos 1950. Obviamente, agora esperava obter o mesmo sucesso.

Feynman não viveu o suficiente para resolver o problema da cromodinâmica quântica. E nos mais de vinte anos que se passaram desde nossas conversas, nenhuma outra pessoa conseguiu solucionar essa questão. Hoje em dia, os únicos novos resultados calculados com base na teoria não vêm de um entendimento mais aprofundado ou de uma solução matemática da teoria, mas do uso contínuo de computadores cada vez mais poderosos para explorar as possibilidades por ela abertas.

9

Enquanto continuava a buscar um problema para me ocupar, pensei no que Feynman dissera a respeito de uma intuição íntima. Onde residiam as minhas forças? Sempre demonstrei uma inclinação maior pela matemática do que os meus colegas de estudo. Eu também era um tipo meio rebelde – minha natureza fazia com que me sentisse atraído por tudo o que ia contra o lugar-comum. Naquele andar, a maior parte dos pesquisadores, assim como Feynman, estava tentando encontrar maneiras melhores de resolver questões da cromodinâmica quântica. Esse esforço envolvia basicamente a matemática do tipo comum, e o que estava em jogo era considerado um dos problemas mais importantes da época.

Mas havia também um professor, John Schwarz, cuja pesquisa envolvia um gênero bastante exótico de matemática e que corria completamente por fora da tendência geral que predominava no Caltech.

Há quatro forças conhecidas na natureza – o eletromagnetismo, a gravidade, a força forte e a sua parceira subnuclear, a força fraca. Os físicos dispõem de uma teoria que especifica as interações que cada uma delas causa: a teoria eletrofraca, uma generalização da eletrodinâmica quântica, descreve tanto o eletromagnetismo quanto a força fraca; a relatividade geral, que não é uma teoria quântica, descreve a gravidade; e a cromodinâmica quântica descreve a força forte. A crença de que todos os fenômenos naturais podem ser explicados pela lei física fundamental é chamada de reducionismo. Ela está bastante disseminada na física e atravessa os limites das escolas conhecidas – e é aceita tanto por gregos, como Murray, quanto por babilônios, como Feynman. Isso significa que a maioria dos físicos acredita que nada acontece no universo que não seja o resultado de uma ou mais das quatro leis fundamentais – do nascimento de uma criança ao nascimento de uma galáxia. Levando em conta que a maior parte deles adota esse ponto de vista, desenvolver teorias que abranjam as quatro forças é a busca teórica mais importante que um físico pode empreender. Schwarz trabalhava numa única e abrangente teoria que, se verdadeira, englobaria e reformularia todas as outras, substituindo-as num só golpe.

Considerando o fato do quanto as quatro forças são diferentes entre si, uma única teoria capaz de descrever todas elas talvez pareça uma meta ambiciosa demais. A força eletromagnética, por exemplo, pode atrair ou repelir, mas a força gravitacional sempre atrai. A força forte fica mais fraca em distâncias curtas, enquanto a gravitacional e a eletromagnética se tornam mais fortes. Cada uma delas também dispõe de um alcance de intensidade quase inimaginável: a força forte é cerca de cem vezes mais forte do que a força eletromagnética, que por sua vez é mil vezes mais forte do que a força fraca, que é bilhões e bilhões e bilhões de vezes mais forte do que a força gravitacional.

As quatro forças desempenham papéis diferentes em nossa vida e no funcionamento do universo. A gravidade é obviamente o que nos prende à Terra e é responsável pelos fluxos e refluxos das marés. Mas seus efeitos mais importantes sobre a natureza são exercidos numa escala cósmica. Ela faz com que os planetas descrevam órbitas em torno de suas estrelas e torna possível a fornalha nuclear no centro de uma estrela que emite a luz e o calor necessários à vida. E, muito antes que seus planetas existissem, era a pressão irresistível da gravidade que fazia com que as próprias estrelas se fundissem. O eletromagnetismo é importante para nós basicamente numa escala atômica. As forças eletromagnéticas entre átomos e moléculas, por exemplo, tornam os objetos visíveis, permitem que o oxigênio se ligue às células vermelhas do sangue e impedem que nossa mão atravesse a parede quando nos apoiamos nela. É a força que confere aos materiais a maioria das propriedades que possuem. E é o domínio dessa força, em grande parte obtido no século XX, que responde por muitos dos confortos da vida moderna: das luzes ao telefone, ao rádio, à televisão e aos computadores. As outras duas forças, a forte e a fraca, governam um mundo que existe em escalas bem menores, até mesmo do que o mundo atômico do eletromagnetismo: o interior de um núcleo. A força fraca rege o declínio radioativo do núcleo chamado "decaimento beta". A força forte é responsável pela energia atômica. Foi o poder dessa força, liberada do núcleo que corresponde a menos de dez gramas de urânio, que destruiu a cidade de Hiroshima.

Como essas quatro forças poderiam ser descritas por uma só teoria? A história nos oferece uma lição a esse respeito, pois na realidade existem cinco forças, mas falamos apenas em quatro delas pelo fato de a primeira unificação ter acontecido há muito tempo – a junção das teorias da eletricidade e do magnetismo, uma espécie de ensaio para a busca que ocorre agora. A história é mais ou menos essa... há muito tempo (no século VI a.C.), numa terra distante (a Grécia antiga), os mais simples fenômenos eletromagnéticos, a eletricidade estática e o magnetismo, foram estudados por um homem sábio, Tales. Da sua época até o século XIX, os seres humanos foram descobrindo mais e mais a respeito de ambos; no entanto, nada dava a entender que eles não fossem dois tipos distintos de fenômenos. Juntamente com a gravidade, a eletricidade e o magnetismo constituíam aquelas que eram consideradas as três forças conhecidas da natureza. Então, por volta de 1820, vários cientistas, em diferentes partes da Europa, descobriram que fios de arame transmitindo correntes elétricas possuíam misteriosas propriedades magnéticas. Esse era um forte indício de que havia uma relação entre as forças da eletricidade e do magnetismo, porém ninguém sabia exatamente do que se tratava. Nas décadas seguintes, todos esses mortais eram capazes de imaginar descrições para os efeitos que tinham observado como um emaranhado de leis empíricas. Então, em 1865, um físico escocês com pouco mais de um metro e meio, chamado James Clerk Maxwell, lançou mão dessa miscelânea de leis para chegar a um notável conjunto de equações. Em poucas linhas elas mostravam ao mundo como as forças elétrica e magnética surgiam de cargas e correntes elétricas e, mais importante, que se originavam uma da outra. Maxwell havia, portanto, formulado uma teoria unificada de duas das três forças – eletricidade e magnetismo – ou, como a chamamos hoje, eletromagnetismo.

A história também mostra que a unificação empreendida por Maxwell não se limitava a apresentar uma beleza teórica: um estudo das suas implicações revelou conseqüências revolucionárias. Por exemplo, as equações indicavam que cargas que fossem aumentadas poderiam produzir ondas de campos eletromagnéticos. Essas ondas se moviam sempre à mesma velocidade, que seus cálculos mostraram ser a velocidade da luz. Isso proporcionou a Einstein a inspiração para a sua teoria da relatividade especial. E, a partir do momento em que Maxwell descobriu que a luz é um fenômeno eletromagnético, ficou claro que também poderiam existir outros tipos de ondas eletromagnéticas. Isso abriu caminho para o experimentalista alemão Heinrich Rudolph Hertz criar as primeiras ondas de rádio e, em última instância, para a invenção de tecnologias como as do rádio, televisão, radar, comunicações por satélite, máquinas de raios X e fornos de microondas. Nas suas *Lectures on Physics*, Feynman escreveu: "...não há muitas dúvidas de que a descoberta das leis da eletrodinâmica por Maxwell será considerada no futuro o acontecimento de maior importância do século XIX."

Uma única teoria que explique todas as forças da natureza é chamada pelos físicos de "teoria do campo unificado". Vale a pena parar por um instante e pensar sobre o que isso significa. Para que uma teoria seja considerada unificada, é preciso que ela vá além da descrição das forças individuais e especifique a relação que elas mantêm umas com as outras, a exemplo do que Maxwell fez ao mostrar como forças elétricas podiam criar forças magnéticas e vice-versa.

Em sua maioria, os físicos que buscam um campo unificado pretendem ir ainda mais longe: eles querem mostrar como todas as forças da natureza se originam de uma única força mais fundamental ou de um princípio subjacente. Mesmo que as experiências ofereçam poucos indícios de que isso realmente aconteça na natureza (ou de que não aconteça), eles continuam a perseguir essa teoria – seja por um sentido estético, seja pela crença de que em algum lugar lá fora exista uma única chave para todas as leis naturais. Esse tipo de teoria unificada representaria o triunfo final para a física de estilo grego. Foi à busca de uma teoria assim que Einstein dedicou a maior parte de sua vida, os seus anos pós-teoria da relatividade, afastando-se gradualmente das tendências que predominavam na física, então voltadas para assuntos mais práticos.

Além da beleza matemática e do potencial representado pela descoberta de novos fenômenos físicos, uma teoria do campo unificado também promete responder a questões fundamentais sobre a razão de nós todos existirmos. É o equilíbrio entre as quatro forças da natureza, as suas intensidades relativas e diferentes propriedades que torna possível o universo existir da maneira como o conhecemos. Suponhamos que a força gravitacional não fosse tão fraca comparada à força forte. As estrelas ficariam mais comprimidas e seu combustível nuclear seria gasto muito mais rapidamente, impedindo a evolução da vida. Por outro lado, se a gravidade fosse muito mais fraca, a repulsão eletromagnética a impediria de provocar a fusão e a formação das próprias estrelas. Caso a força forte não fosse tão mais forte do que as forças eletromagnéticas, a maioria dos núcleos dos átomos acabaria por se desintegrar. E, se houvesse um desequilíbrio de apenas um por cento no número de elétrons e prótons na matéria, a força eletromagnética entre você e alguém a um metro de distância seria maior do que o peso da Terra. As forças da natureza são desiguais, mas existem em perfeito equilíbrio. Por quê? Embora as teorias isoladas sejam capazes de descrever as forças individuais, só uma teoria abrangendo todas as forças pode responder a essa questão fundamental da existência.

Quando Einstein começou a buscar uma teoria do campo unificado, ele tinha uma grande desvantagem: as forças forte e fraca ainda não haviam sido descobertas. Por volta de 1981, porém, o eletromagnetismo e a força fraca já estavam unidos numa única teoria, e os físicos possuíam algumas idéias de como incluir a força forte. Os progressos na direção de uma teoria unificada deixavam os cientistas entusiasmados. Trinta anos depois da morte de Einstein, essa busca passou a gozar de nova popularidade. A expressão "uma teoria de tudo" passou a fazer parte do vocabulário dos físicos. O maior obstáculo ao sucesso, todos concordavam, era a gravidade. Além de os físicos não saberem como incluí-la numa teoria unificada, ainda não existia uma teoria quântica da gravidade, mesmo como força isolada. A menos que acreditássemos em John Schwarz. Na opinião dele, era possível fazer isso, unir todas as forças, mesmo a gravidade, numa única teoria quântica.

A teoria que havia se transformado na obsessão de Schwarz era chamada de teoria das cordas. Em seu contexto, no entanto, as cordas não têm quase nenhuma relação com as cordas comuns que conhecemos, pequenas linhas de fibras que usamos para amarrar as coisas. As cordas imaginadas pelos físicos foram propostas pela primeira vez pelo japonês Yoichiro Nambu e pelo americano Leonard Susskind em 1970. A idéia era de que aquilo que parecia ser uma partícula na forma de um ponto podia ser uma pequena corda ondulante. Qual seria a utilidade de uma suposição tão estranha? A princípio, ela poderia servir para ajudar a resolver o velho problema criado pelos experimentalistas, que continuavam a descobrir novas partículas. Mesmo a quantidade de quarks, com a qual Murray tinha sido capaz de explicar a existência de um grande número de partículas recorrendo a um número menor de elementos, teve que ser bastante aumentada desde que ele a propôs inicialmente. Nos primeiros tempos da teoria das cordas, portanto, o seu fascínio estava intimamente ligado a uma idéia que Murray havia ajudado a desenvolver nos anos 1950 – antes até de ter descoberto os quarks –, segundo a qual todas essas partículas poderiam ser simplesmente formas alternativas de uma mesma coisa.

Na teoria das cordas há uma e somente uma teoria que abrange todas as forças, bem como uma e somente uma partícula fundamental: a corda. Suas propriedades dependeriam do estado de vibração em que ela se encontra, da mesma forma como o modo de vibração determina o som criado por uma corda de violino. Só que, nesse caso, diferentes estados de vibração se manifestariam como diferentes partículas, e não como sons diferentes. Essa única entidade, a corda, responderia, portanto, pela ampla variedade de partículas existentes na natureza e explicaria as forças por ela regidas.

Da forma matemática que a teoria das cordas assumiu surgiram fortes indícios de que ela atenderia à aspiração de ser uma teoria do campo unificado de todas as forças, até da gravidade. Para alguns, como Schwarz, isso parecia um milagre. Mas essas eram apenas propriedades gerais da teoria, e não predições que pudessem ser testadas em laboratório. Então a mais importante questão permanecia em aberto – a teoria das cordas estaria certa?

Pode-se pensar que isso era algo fácil de ser posto à prova. Olha-se atentamente para uma partícula. Há uma cordinha por ali dançando ou não? Mas partículas elementares são tão pequenas que não podemos vê-las com a exatidão necessária para identificar uma estrutura tão delicada.

Ainda assim, o fato de não conseguirmos verificar diretamente se as partículas são ou não realmente feitas de cordas não quer dizer que uma teoria construída sobre essa hipótese não tenha desdobramentos. Suponhamos que você observe a minha vida a uma certa distância, com base, digamos, nas interações limitadas que tem comigo como colega de faculdade, mas não como amigo. Poderia pensar então: "Ele fala de modo inteligente, tem boas credenciais, conseguiu esse empregão no Caltech – parece ser um cara bem-sucedido, confiante." O que sou eu num nível mais profundo? Isso é algo que talvez você não consiga verificar diretamente por causa do nosso tipo de relação. Então pode teorizar. Em casa, eu leio livros de Jane Austen, cuido tranqüilamente do jardim e toco violino? Ou fico engolindo um monte de martínis e tentando impedir meu vizinho, o lixeiro, de estourar os miolos? Certamente há circunstâncias em que o comportamento dos Leonards das duas teorias pode divergir; e, ao me observar numa delas, você seria capaz de deduzir qual delas está mais próxima da verdade. É o que acontece com as cordas. Mesmo que não tenhamos um conhecimento íntimo da natureza a ponto de sermos capazes de comprovar diretamente se as partículas são feitas de cordas, a questão é: podemos produzir uma situação na qual entrem em conflito as conseqüências observáveis previstas pela teoria das cordas e pela teoria que recusa essa hipótese? A possibilidade de propor uma experiência dessa natureza era a maior esperança dos teóricos adeptos das cordas. Infelizmente, ninguém conseguiu encontrar uma maneira de fazer isso. A teoria era matematicamente complexa demais.

Como esses teóricos não conseguiram fazer predições que pudessem ser submetidas a testes, eles inventaram outro objetivo para a sua teoria, pelo menos a curto prazo. Foi apelidado de "pós-dição". Segundo essa abordagem, em vez de fazer a predição de algum novo fenômeno, a teoria das cordas ofereceria a explicação de algo já conhecido, mas não compreendido. Por exemplo, sabemos quais são os valores de muitas quantidades físicas fundamentais, como a massa de quarks e a carga do elétron, porém não temos a menor idéia de por que elas possuem esses valores. A teoria das cordas tinha o potencial para mudar essa situação: ela prometia produzir os números a partir da estaca zero. No entanto, ninguém conseguiu descobrir como fazer isso.

Durante os anos 1970, as promessas encerradas na teoria das cordas renderam muito pouco em termos concretos. Depois foram descobertas algumas incongruências. Todos, inclusive John Schwarz, compreenderam que seria necessário outro milagre matemático para eliminar essas impropriedades. Schwarz e um pequeno grupo de colaboradores acreditavam tanto que a teoria das cordas estava certa que começaram a buscar esse milagre. Para eles, a estrutura matemática que tinham trazido à luz – a promessa de incluir a gravidade, por exemplo – já era um milagre, e eles estavam prontos a permitir que a teoria os levasse a dar o passo seguinte. Todos os outros simplesmente haviam deixado essa teoria de lado.

Um dos problemas da teoria das cordas que Schwarz não tentou resolver foi o das dimensões: essa teoria não é matematicamente coerente com apenas três dimensões espaciais. Além de terem comprimento, largura e altura, as cordas exigiam também extensão para seis dimensões adicionais que parecem não existir no mundo real. Não era algo tão fantástico quanto o meu método de um número infinito de dimensões, exceto pelo fato de essas dimensões extras não serem produto de um método matemático de aproximação. Segundo a teoria das cordas, as dimensões extras precisariam ser reais. Os teóricos resolveram esse problema ajustando matematicamente a teoria, de modo que as seis dimensões extras fossem, como as cordas, tão pequenas em extensão que passariam naturalmente despercebidas, sendo, na verdade, virtualmente impossível detectá-las.

Era como se vivêssemos num mundo bidimensional, confinados, digamos, à superfície da Terra e, de repente, um físico dissesse: "Ei, olhe, existe uma dimensão extra, para cima e para baixo, que nós nunca tínhamos notado." As pessoas talvez se perguntassem: "Como não fomos capazes de perceber algo tão óbvio como uma nova direção? Se esse 'para cima e para baixo' existe mesmo, eu deveria ser capaz de pular ou jogar uma bola para cima." O físico diria: "Você pode pular, mas a dimensão é pequena, por isso o seu pulo só pode levá-lo para cima a uma distância igual à menor fração de um milímetro. O pulo é tão insignificante que você nem consegue notar que está saindo do chão."

Para um pequeno grupo de pessoas, a exigência das dimensões extras por parte da teoria das cordas representava uma grande descoberta – como a do princípio do quantum por Planck ou como a que fizera Einstein de que existe uma inter-relação entre espaço e tempo. Na visão desse grupo restrito, a teoria das cordas apresentava um emocionante desafio: descobrir uma conseqüência indireta mas mensurável das dimensões extras (enquanto se continuava a trabalhar para eliminar as outras incoerências da teoria). Porém, mesmo no Caltech, a maioria dos físicos reagiu à atitude de Schwarz como se ele tivesse proposto que todos se mudassem para Nevada com o objetivo de se unirem à equipe secreta que estava estudando extraterrestres na área 51.

Constantine era um deles. Eu o encontrei sentado à sua mesa. Ele tinha uma sala na parte interna, sem janelas. A luz fluorescente acima da sua cabeça zumbia. Eu teria ficado deprimido se tivesse que ouvir aquele zumbido o dia todo. Também me sentiria assim pelo fato de não haver nenhuma luz natural na sala. Naquela época, muita coisa me deixava deprimido, exceto quando estava trabalhando. Mas nada jamais parecia deprimir Constantine. Apesar disso, me pareceu cansado.

– Fui dormir às quatro. Ei, a vida é dura – ele disse. Fez um gesto com as mãos e o rosto que sugeriam que a vida não era nada dura. Ele tinha ido a uma festa com sua namorada americana, uma estonteante atriz loura chamada Meg.

Eu sentia ciúmes dele e de Meg. Constantine era bonito, num estilo típico do Mediterrâneo – físico esguio e delicado mas bem modelado, olhos sedutores e um largo sorriso. Vivia bronzeado e, apesar de estar na casa dos vinte anos, já tinha um ligeiro tom grisalho no cabelo, só o suficiente para lhe dar um ar sofisticado. Quando fumava, ele lembrava um daqueles anúncios de cigarros que dão um toque sexy à cena. De vez em quando, eu me entregava a uma fantasia secreta, imaginando encontrá-lo uns vinte anos depois e vê-lo com o cabelo completamente branco e o rosto enrugado, e talvez até já um pouco corcunda. No meu devaneio, eu aparecia completamente inalterado, exceto por um quase imperceptível amadurecimento que em muito aumentava meu sex appeal.

Disse a Constantine que ia ter uma conversa com John Schwarz.

– Por que faria uma coisa dessas? – ele perguntou.

– Pensei que ele daria um bom orientador – eu respondi. Constantine riu.

– Orientador? Ele não pode nem orientar a si mesmo.

– Parece que está aceitando estudantes para trabalhar com ele.

– Pare com isso. O sujeito está aqui há nove anos e ainda não conseguiu uma cadeira de professor. Ele não é sequer um professor. Não passa de um pesquisador, como você e eu. – Ele fez outro de seus gestos gregos, um movimento com as mãos que expressava menosprezo, como se gesticulasse para um garçom avisando-o que tinha acabado e que podia levar o prato.

– Bem, se ele está aqui há nove anos, deve contar com algum apoio no quadro de professores da faculdade. Provavelmente está escorado em alguém aqui dentro – eu disse.

Constantine sacou um de seus cigarros, soprou a fumaça na direção do teto e depois olhou para mim com um sorriso.

– Ele é um burro de carga. Dá aulas, cuida de uma porção de estudantes. Faz o trabalho duro para que caras como Feynman possam ficar numa boa.

– Bem, com uma carga tão grande assim talvez ele goste da idéia de ter outra pessoa com quem trabalhar – eu disse.

– Tenho certeza de que ele vai ficar encantado em ensinar a você tudo sobre o trabalho dele. Afinal, ninguém mais dá a mínima para o que ele faz.

– Obrigado pela força, Constantine. – Respondi e fui deixando a sala dele.

– Que foi? Eu disse algo errado? – ele perguntou enquanto eu saía.

O escritório de Schwarz não ficava longe. A porta estava aberta. Ele devia estar na casa dos quarenta anos e tinha uma aparência distinta. Estava sentado à mesa, lendo um *preprint*, que é o nome dado pelos físicos aos textos originais que aparecerão nas publicações acadêmicas. Como elas demoram muito para publicar um trabalho, a maior parte desses textos circulava e era lida na sua forma *preprint* (hoje em dia eles podem ser baixados pela Internet). Schwarz ergueu os olhos para mim.

– Sim?

Eu me apresentei. Ele sorriu.

– Já tinha ouvido falar que você era um recém-chegado.

– Estou interessado em conhecer todo mundo e o que cada um anda fazendo.

– Eu trabalho com a teoria das cordas – ele disse, como se fosse um termo familiar.

– Pensei que você talvez pudesse conversar um pouco sobre a sua pesquisa.

– Eu realmente não tenho tempo.

– Em outra ocasião, então... – eu sugeri. – Quando poderia ser?

Ele se levantou e andou até à estante. Juntou uma meia dúzia de *preprints* e de cópias de artigos já publicados.

– Aqui está – ele disse. – É só ler isto.

Depois de me entregar o material, voltou ao trabalho como se eu não estivesse mais ali. Com um conta-gotas, ele havia me oferecido todas as palavras que admitia desperdiçar e parecia até ter sido igualmente econômico com seu suprimento de contatos olho a olho.

De volta à minha sala, lambi minhas feridas. Constantine passou por ali e me perguntou, um tanto efusivamente, se eu agora era o mais novo discípulo de Schwarz. Fiz, com meu dedo médio, um gesto obsceno que não é usado nem na Grécia nem na Itália. Mas ele compreendeu.

O que nenhum de nós dois sabia é que em algumas poucas semanas aquela pilha de artigos sobre a minha mesa seria reverenciada pelo mundo afora como o prenúncio de uma das mais promissoras descobertas do século no campo da física teórica.

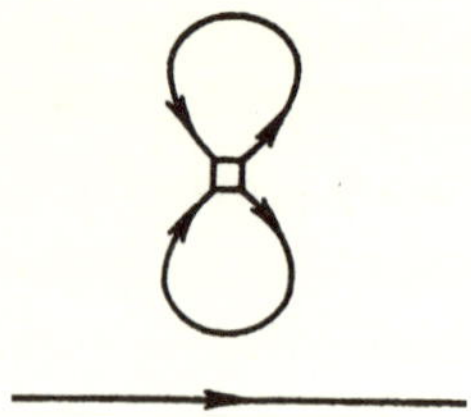

10

Foi difícil entender o que queriam dizer os artigos que Schwarz deixara comigo, mas finalmente consegui ver as coisas com maior clareza. Descobri que, apesar da reputação duvidosa de Schwarz e de sua teoria e do fato de ele não ter colaboradores entre professores e pesquisadores da faculdade, havia quatro ou cinco estudantes da graduação trabalhando sob sua direção, o que não acontecia com nenhum outro professor do departamento. Quando eu tinha dúvidas, falava com um deles. Pareciam ser capazes. Demonstravam ter juízo. Será que não percebiam que 99,9% dos especialistas em física pensavam que eles não passavam de um bando de excêntricos?

E por que os outros professores permitiam que tantos estudantes fossem "desencaminhados" desse jeito? Alguém, eu concluí, deve estar dando apoio a tudo isso. Seria Feynman?

Era sábado e o campus estava tão vazio e silencioso quanto a cidade ao amanhecer. Mas já passava bastante do meio-dia e eu estava esfomeado, louco para tomar um café da manhã. O problema era que, apesar de a maioria dos estudantes morar no campus, nos fins de semana o Seboso e o Athenaeum ficavam fechados. Concluí que eles deviam comer em algum lugar, então saí andando em busca de qualquer coisa, até mesmo de uma dessas máquinas de vender café e biscoitos. Vi Feynman a uma distância não muito grande. Não podia imaginar o que estava fazendo ali, mas aproveitei a oportunidade para esbarrar "casualmente" nele.

– Já fez alguma descoberta? – ele perguntou.

– No momento estou tentando descobrir alguma comida. Sabe onde posso comer?

– Eu sei onde – ele respondeu. – A dificuldade está no "quando". No fim de semana, os lugares de sempre no campus ficam fechados.

Estávamos caminhando na direção do Athenaeum. Alguma coisa parecia estar acontecendo lá. Por um momento ficamos sem falar.

– Quero lhe perguntar uma coisa – eu disse finalmente. – Acha que seria uma boa idéia trabalhar numa teoria que quase todo mundo considera um disparate?

– Só com uma condição – ele disse.

– E qual é?

– Que *você* não a considere um disparate.

– Estou em dúvida se sei o suficiente para me decidir.

Ele riu.

– Se soubesse o suficiente para dizer, talvez acabasse não trabalhando nela.

– Quer dizer que sou idiota demais para saber?

– Não necessariamente. Talvez só não saiba o bastante ou ainda não tenha sabido pelo tempo suficiente para ser "estragado" por seu conhecimento. Instrução em excesso pode acabar sendo prejudicial.

É verdade que muitas das maiores descobertas na física tinham sido feitas por "garotos" que mal chegavam à idade que eu tinha naquela época. Foi nessa idade que Newton inventou o cálculo, Einstein descobriu a teoria da relatividade e Feynman desenvolveu sua técnica dos diagramas. Muitos outros progressos importantes foram feitos por físicos mais maduros, mas os avanços mais revolucionários pareciam ser obtidos pelos jovens. Quando estávamos na graduação, eu e meus colegas tínhamos certeza de que, em termos de capacidade para a física matemática e teórica, nossas mentes estavam no ápice. Feynman, porém, parecia ver as coisas de modo diferente, como se começássemos a perder nossos poderes não por causa de um declínio mental, mas em decorrência de algum tipo de lavagem cerebral. Talvez fosse por isso que ele evitasse aprender coisas novas lendo livros ou artigos acadêmicos. Era conhecido por insistir sempre em extrair ele mesmo suas deduções com base em novos resultados ou por compreendê-los à sua própria maneira. Na sua opinião, permanecer jovem significava conservar o olhar de um iniciante. Nisso ele tinha sido claramente bem-sucedido.

– Olhe – disse Feynman. – Você encontrou comida.

Havia um grande bufê montado no pátio do Athenaeum. Parecia que estava acontecendo uma recepção de casamento. Paramos e ficamos olhando a multidão trajada com elegância, exibindo seus vestidos, ternos e gravatas.

– É, mas infelizmente não fomos convidados – eu respondi.

– Estou vendo que você é um especialista em etiqueta.

– O que quer dizer? – perguntei.

– Quero dizer que só porque você não foi convidado isso significa que não seja bem-vindo?

Dei de ombros.

– Em geral é isso que significa.

– Então acho que você não está com fome.

Pensei a respeito por um momento.

– Bem, não estamos exatamente vestidos para a ocasião. – Ele estava de camisa e calça esporte. Eu, de short e camiseta.

– Claro que não estamos. Que espécie de cientista vai trabalhar como se estivesse vestido para um casamento? Tirando Murray, é claro. – Ele riu.

– Você vem comigo? – perguntei.

Ele sorriu. Fomos para o bufê. Feynman deu uma olhada em volta enquanto eu começava a encher o meu prato. No início, ninguém pareceu ligar para nós, mas depois um homem de smoking surgiu atrás da gente na fila.

– Vieram da parte do noivo ou da noiva? – ele perguntou.

– De nenhum dos dois – respondeu Feynman.

O homem nos olhou de cima a baixo. Comecei a procurar freneticamente por uma mentira que amenizasse meu constrangimento.

– Representamos o departamento de física – continuou Feynman.

O homem sorriu, pegou um pouco de salada e se afastou, aparentemente sem se incomodar nem com a resposta nem com os nossos trajes.

11

Ser brincalhão, divertir-se, manter uma disposição jovial. Para mim estava claro que, na visão de Feynman, permanecer aberto a todas as possibilidades da natureza, da vida, era uma atitude-chave tanto para a sua criatividade quanto para a sua felicidade.

– Amadurecer é uma idéia idiota? – perguntei.

Ele pensou por um momento e deu de ombros.

Não tenho muita certeza. Mas brincar representa uma parte importante do processo criativo. Pelo menos para alguns cientistas. É difícil conservar isso à medida que vamos envelhecendo. Brincamos menos. Mas não devíamos ser assim.

Tenho um grande número de problemas matemáticos com que me distraio. Pequenos mundos com que brinco e nos quais trabalho de vez em quando. Por exemplo, a primeira vez que ouvi falar de cálculo foi quando estava no segundo grau e vi a fórmula para a derivada de uma função. E a derivada segunda e a derivada enésima... Então percebi um padrão que funcionava para a derivada enésima, não importava qual fosse o número inteiro – um, dois, três e assim por diante.

Aí perguntei: "E uma 'meia' derivada?" Queria uma operação em que, quando você chega a uma função, ela lhe dá uma nova função e, se a fizer duas vezes, obterá a derivada original da função. Você conhece essa operação? Eu a inventei quando estava no segundo grau. Mas naquela época não sabia como calculá-la, só era capaz de defini-la. E não sabia como fazer para pôr essa idéia à prova ou coisa parecida. Foi apenas mais tarde, quando estava na universidade, que comecei novamente a me ocupar disso. E me diverti muito. Descobri que minha antiga definição, formulada na época do segundo grau, estava certa. Ela iria funcionar.

Quando estava em Los Alamos trabalhando no projeto da bomba atômica, vi umas pessoas resolvendo uma equação complicada. E compreendi que a forma que usavam correspondia à minha meia derivada. Bem, eu tinha inventado uma operação numérica para resolvê-la, então foi o que fiz, e funcionou. Para termos certeza, fizemos duas vezes o que é a derivada normal. Assim criei um excelente método numérico para resolver a equação delas. Tudo, bem, nem tudo, mas muita coisa no final acaba se revelando útil.

A mente criativa é como um enorme sótão. Aquele problema de dever de casa com que você lidou na faculdade, o artigo científico interessante mas um tanto sem propósito que você passou uma semana decifrando quando estava fazendo pós-doutorado, a observação casual de um colega, tudo é armazenado em baús em algum lugar de um cérebro criativo, muitas vezes para ser recuperado e aplicado pelo subconsciente nos momentos mais imprevistos. Trata-se de uma parte do processo criativo que transcende a física. Tchaikovski, por exemplo, escreveu: "O germe da futura composição chega súbita e inesperadamente. Se o terreno é fértil..." E Mary Shelley: "A invenção não consiste na criação em meio ao vácuo, mas em meio ao caos..." E Stephen Spender: "Não há nada que imaginemos que nós já não saibamos. E nossa capacidade de imaginar é a capacidade que temos de nos lembrar daquilo que já vivenciamos e aplicá-lo a uma situação diferente."

Outra coisa muito interessante e divertida é se perguntar: "Se eu pudesse mudar a natureza de alguma maneira, uma lei da física, o que aconteceria?" Antes de tudo, se fosse alterar algo, essa mudança teria que manter uma coerência em relação a outras coisas. Também seria preciso descobrir todas as conseqüências que essa lei modificada acarretaria, para saber o que ocorreria no mundo em decorrência dela. É um esforço muito interessante. Dá bastante trabalho. E eu tentei fazer isso uma vez. Queria saber como seria a física se houvesse duas e não três dimensões. Duas dimensões espaciais – como o plano de Euclides – mais uma dimensão temporal. E existem fenômenos muito interessantes no modo como os átomos se comportam, como, por exemplo, suas linhas espectrais. Passei em revista um número enorme de coisas que são diferentes nessas situações: duas dimensões versus três dimensões. É muito interessante. Tenho tudo anotado num caderno. Eu me diverti bastante fazendo isso.

Por linhas espectrais, Feynman estava se referindo à luz característica que um átomo irradia. Para mim era fácil imaginar a idéia de acrescentar novas dimensões espaciais. Quando escrevi minha dissertação, eu também tive que estudar como tudo varia à medida que o número de dimensões muda – desde uma até um número infinito delas. Era como adicionar novas direções. Numa só dimensão há apenas a possibilidade de ir para a frente e para trás. Para chegar a duas dimensões, é preciso acrescentar a direita e a esquerda. Para chegar a três, é necessário inserir a noção de ir para cima e para baixo. Para cada dimensão adicional, basta acrescentar uma nova possível direção independente (para alguns de nós, uma nova possibilidade de nos perdermos). Era agradável sentirmos que nossa imaginação tinha nos levado a visualizar mundos alternativos semelhantes. Mas eu não estava preparado para o lugar estranho a que ela me conduziria a seguir...

E então me diverti fazendo outra coisa. Suponha que existam dois tempos. Dois espaços e dois tempos. Que tipo de mundo teríamos com dois tempos?

Nós nos acostumamos ao fato de os acontecimentos estarem submetidos a uma ordem temporal. Com uma dimensão de dois tempos – se o tempo tem de ser visualizado num plano em vez de em uma linha do tempo –, não haveria mais uma ordem estrita para os eventos. Seria realmente um mundo estranho.

Meu filho e eu discutimos sobre isso durante um bom tempo na praia. Sua imaginação geométrica é muito boa. Ele concebeu uma espécie de modelo através do qual pudemos visualizar essa hipótese; assim conseguimos supor como as coisas seriam e nos fizemos algumas perguntas: o que aconteceria e assim por diante. Essa é outra brincadeira com que gosto de me distrair quando não tenho o que fazer.

Fazemos isto o tempo todo: perguntar "e se?" e começar a procurar as conseqüências. Mas existem tantas coisas que somos capazes de mudar que, a não ser que haja um bom motivo, não pensamos em fazer. É preciso imaginação para encontrar a coisa mais apropriada para se modificar porque, ao se permitir fazer alterações simples como essa, há um número infinito de maneiras pelas quais as mudanças podem ser realizadas, e seria muito difícil selecionar a forma correta.

Alguém disse certa vez: "E se tudo fosse feito a partir de três partículas?"

Feynman está sendo um tanto malicioso com essa citação – o "alguém" de quem ele fala é Murray e as três partículas são os seus quarks, que constituem os blocos que formam as partículas subnucleares, como o próton.

Bem, então essa partícula chamada K-méson não se enquadraria no padrão. Ela não presta. No entanto, e se as cargas das partículas fossem não-integrais? Ah, assim daria certo! Ei, bonito isso. Olhe, isso leva àquilo! Aquilo explica isso! E assim finalmente conseguiríamos entender aquela coisa! Grande comoção! Agora sabemos que as coisas são feitas a partir de três partículas que não têm cargas normais!

Há muito tempo os físicos tinham percebido que todas as cargas elétricas pareciam vir em múltiplos de uma certa carga mínima. Em 1891, o físico irlandês George Johnstone Stoney propôs a existência de partículas fundamentais, indivisíveis, que continham essa carga elementar, e forjou o termo elétron. Alguns poucos anos depois, cientistas que realizavam experiências com raios catódicos observaram elétrons individuais. Desde então ninguém jamais observou algum íon ou partícula cuja carga tivesse uma magnitude que não fosse igual a um, dois, três ou a qualquer múltiplo integral da carga do elétron. Portanto, o conceito de uma carga "não-integral", ou fracionária, era bastante controvertido quando Murray propôs a idéia dos quarks pela primeira vez. Ainda assim, a exemplo das misteriosas dimensões extras da teoria das cordas, esse conceito era necessário à coerência da sua teoria.

Ciente de uma possível reação negativa, Murray pareceu um tanto hesitante nas suas propostas iniciais a respeito dos quarks. Evitou apresentar seu primeiro artigo sobre o assunto à *Physical Review*, receando ataques por parte dos editores e peritos. Preferiu divulgá-lo numa publicação de menor prestígio. No começo, Feynman estava entre os que se mantinham céticos a respeito da teoria dos quarks. No fim, sua vacilação inicial pareceu apenas aumentar sua admiração por Murray pelo fato de este ter desenvolvido a teoria.

É preciso imaginação para se liberar da afirmação de que todas as cargas devem ser integrais, mesmo que tudo o que você veja tenha uma carga integral. É necessário imaginação para dizer que as cargas podem não ser do jeito que parecem ser o tempo todo. Há um certo conservadorismo consolidado. Determinamos que as coisas têm sempre cargas integrais, em qualquer lugar! Por toda parte! Então você supõe que tudo o mais também é constituído de cargas integrais. Parecia fazer sentido e ninguém pensaria numa alternativa porque não parecia necessário e não havia nenhum indício disso.

Quando você descobre alguma coisa que não esperava – algo em que você esbarrou –, isso a princípio parece mágica! É divertido! É muito interessante. Já investiguei muitos pequenos problemas. Esse é o meu papel.

Ouvindo Feynman falar, eu me senti motivado. Por que não me libertar da idéia de que o espaço-tempo tem quatro dimensões? E se a teoria das cordas exigisse outras seis? Concluí que esse era um "e se" que merecia ser explorado.

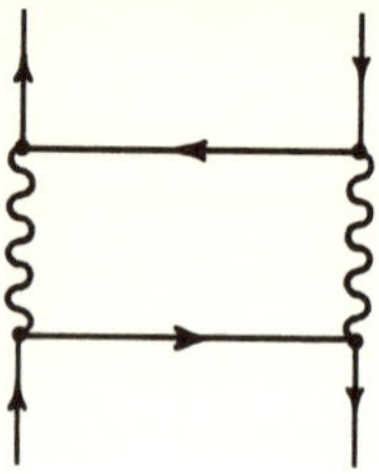

12

A primavera se aproximava. É uma estação bem agradável em Pasadena – temperatura amena, ainda não faz calor, com menos chuva do que no inverno. Uma época para se apreciar o céu azul, as palmeiras e uma vista bem nítida das montanhas de San Gabriel ainda cobertas de verde. De algum modo, em algum lugar, Ray tinha finalmente encontrado uma garota de quem gostava ou, mais exatamente, que gostava dele. O único problema, segundo ele, é que a moça morava no estado de Washington, em Bellevue. Eu via mais alguns problemas. Como o fato de que Ray tinha decidido não lhe contar que era um lixeiro, mas apenas que trabalhava para a prefeitura. E que a única coisa que tinham em comum era o fato de serem ótimos em matemática, pelo menos em matemática elementar. Mas como Ray odiava matemática, eu não considerava esse vínculo algo necessariamente importante. Ainda assim, seu sentimento em relação a ela parecia bastante sério, e eu fiquei feliz por ele, que estava até pensando em se mudar para ficar perto dela. A garota fazia algum tipo de trabalho para uma pequena empresa de software que havia por lá chamada Microsoft. Ray pensava que talvez ela pudesse ajudá-lo a conseguir um emprego. Eu, é claro, de modo um tanto egoísta, esperava que ele ficasse por ali mesmo.

Como costumava ouvir minhas histórias sobre o departamento de física do Caltech e especialmente sobre "aquele cara, o Feynman" – como ele dizia –, Ray decidiu que queria visitar o lugar e conhecer o sujeito. Concordei, não sem um pouco de apreensão. Apresentar um aficionado por maconha que odeia matemática e adora discutir filosofia a um professor de modos ríspidos que ama matemática, detesta falar de filosofia e é bastante zeloso em relação ao uso do seu tempo era uma missão que envolvia um certo risco. Mas, como éramos amigos, aceitei levá-lo.

Ray freqüentemente me perguntava o que os físicos faziam e por que o faziam. Uma vez eu lhe respondi repetindo uma citação de Einstein que tinha lido em *Zen e a arte da manutenção de motocicletas*: "O homem procura formar para si mesmo, da maneira que lhe é mais conveniente, uma imagem compreensível e simplificada do que é o mundo, para então dominá-la... Ele faz desse cosmo e da sua construção o eixo central da sua vida emocional para assim poder alcançar a paz e a serenidade que não encontra no redemoinho da sua experiência pessoal."

– Isso é típico de Einstein – disse Ray. – Ele vivia com a cabeça nas nuvens. O que eu quero saber tem a ver com o planeta Terra. Quero saber... *o-que-você-faz e por-que-você-faz?* – Ele falou assim, como se, ao repetir a pergunta lentamente e enfatizar cada palavra, pretendesse de algum jeito conferir a elas outros significados. Se era isso, não consegui descobrir que sentidos teriam. Mas pensei que uma visita ao campus poderia lhe proporcionar uma imagem que valeria mais do que mil das minhas palavras ineficazes.

No caminho tentei usar a metáfora do detetive.

– Parece muito com o trabalho de um Sherlock Holmes ou de outro detetive, dependendo do seu estilo pessoal, é claro. O primeiro passo é selecionar um problema.

– Como se estivesse escolhendo um crime para investigar.

– Certo. Só que eles dão missões aos detetives. Já os cientistas precisam decidir sozinhos.

– Existe o equivalente a uma lista do FBI com os dez mais procurados?

– É claro que há problemas que todos julgam importantes. Mas é necessário ter cuidado, pois já existe uma porção de gente trabalhando nesses. É melhor encontrar um que só você tenha compreendido o quanto a sua solução é importante, quer dizer, se tem realmente certeza de que vale a pena.

– E então procurar por pistas.

– É. Mas tudo existe apenas dentro da nossa cabeça. Ficamos considerando as possibilidades, temos idéias, indícios. Depois, seguimos as pistas recorrendo à matemática para verificar se essas idéias realmente têm ou não as conseqüências que imaginamos. Muitas vezes não é assim tão fácil porque não sabemos como usar a matemática. Faz sentido para você?

– Só de um modo abstrato e um tanto superficial.

Eu sorri.

– Acho que estamos fazendo progresso – eu disse.

Depois de uma rápida parada na minha sala, fomos para o corredor e caminhamos até o auditório, onde eram realizados os seminários. Já havia alguns alunos da graduação do lado de fora.

Físicos florescem em meio a discussões. Eles falam sobre física em qualquer lugar, da mesma forma como outras pessoas conversam sobre o tempo ou esportes. Isso lhes dá a oportunidade de – como as abelhas – trocar os seus polens. Foi assim que Schwarz teve seu grande insight – bem, o que na sua opinião era um grande insight. Há alguns anos, ele estava batendo papo despreocupadamente com Michael Green na cafeteria do Centro Europeu para Pesquisa Nuclear, na Suíça, quando, de repente, eles perceberam que a teoria das cordas também era uma teoria da gravidade. Se eles tivessem, digamos, descoberto que a cromodinâmica quântica poderia ser estendida para abranger a gravidade, isso teria dado manchetes de primeira página em todo o mundo e, com toda a certeza, um Prêmio Nobel. No entanto, por causa de suas várias incoerências matemáticas, virtualmente ninguém acreditava que a teoria das cordas estava certa. Além disso, o fato de que poderia incluir uma descrição da gravidade não despertou muita comoção – nem mesmo entre os poucos que se deram ao trabalho de ouvi-los.

Eu tinha que admirar Schwarz – a rejeição maciça a suas idéias não o impedia de promover sua teoria em todas as oportunidades que encontrava.

Naquele dia, ele estava apresentando um seminário sobre seu trabalho com Green. Sempre que um professor, pesquisador ou estudante descobria alguma coisa que valesse a pena ser explicada – e muitas vezes não era esse o caso –, a sala de seminários era o lugar mais indicado para contar à massa de seus colegas tudo a respeito do trabalho. No caso de Schwarz, a "massa" significava apenas um pequeno número de pessoas que se dava ao trabalho de aparecer, mas ele sempre encarava esse fato com um sorriso. E parecia apresentar mais seminários do que qualquer outra pessoa no departamento.

Eu também o admirava por outra razão. Como eu, Schwarz tinha estudado em Berkeley. Lá, o orientador da sua tese de doutorado, nos anos 1960, foi um sujeito chamado Geoffrey Chew, o principal nome associado a outra abordagem ambiciosa denominada teoria S-matrix. Os objetivos e a filosofia por trás da S-matrix – que durante alguns poucos anos foi uma das idéias mais discutidas no mundo da física – eram semelhantes àqueles associados à teoria das cordas. Mas depois a coisa murchou. Só Chew não abandonou sua teoria, na qual trabalhou durante décadas, como Schwarz, enfrentando o menosprezo e um isolamento absoluto. Chew não chegou a lugar nenhum e terminou sua carreira, na época brilhante, no ostracismo. Para Schwarz, o fato de trabalhar à sombra da experiência de Chew, de parecer estar repetindo sua história, e ainda assim seguir em frente sempre sorrindo, demonstrava, aos meus olhos, uma grande força de caráter.

Sabia que Ray não compreenderia uma palavra do seminário, o que só o deixaria ligeiramente numa posição inferior à minha, mas achei que, como ele vivia perguntando o que nós *realmente* fazíamos o dia todo, aquilo poderia lhe dar uma idéia aproximada.

Apenas cerca de dez pessoas apareceram para ouvir a palestra – metade delas eram alunos da graduação que trabalhavam com o próprio Schwarz. Pouco antes de a conferência começar, porém, tanto Murray quanto Feynman foram se juntar ao grupo que esperava do lado de fora da sala de seminários. Era a primeira vez que eu via os dois comparecerem à mesma palestra e compreendi que aquilo significava que ela poderia tornar-se bastante animada.

Alguns anos antes, quando era mais comum ver Feynman e Murray assistirem a uma palestra, os seminários do Caltech eram famosos por seu clima de crueldade e rispidez. Murray chegava a confrontar contínua e frontalmente o palestrante a propósito dos detalhes mais ínfimos. Ou, pior ainda, quando julgava que o que estava sendo dito era de pouca importância ou interesse, abria um jornal e começava a ler, numa declarada demonstração de tédio. Feynman também se mostrava sempre rude e não fazia concessões diante de formulações que considerasse erradas ou displicentes – e parecia adorar ficar brincando de gato e rato com o expositor. Para ele, a física era um show, e, se as respostas não o satisfizessem, sua reação muitas vezes era levantar-se, anunciar sua opinião e deixar a sala. A combinação de Murray e Feynman era a tal ponto intimidante que pelo menos um futuro ganhador do Nobel hesitou antes de fazer uma palestra no Caltech.

Quando nos aproximamos, Murray estava conversando com um visitante que parecia ter estado pouco antes em Montreal. Murray, porém, insistia em pronunciar o nome da cidade como os naturais de lá: "Mon-ray-al".

Feynman virou-se para encarar Murray.

– Onde? – ele perguntou.

– Mon-ray-al – Murray repetiu.

– Onde? – Feynman perguntou de novo. – Nunca ouvi falar de nenhuma Mon-ray-al. – Ele exagerou a pronúncia de Murray.

– Já percebi que existem muitas cidades bastante conhecidas cujos nomes você parece não reconhecer – disse Murray.

– Falando em termos lógicos, isso significa que ou eu sou um ignorantão... ou você pronuncia os nomes de um jeito esquisito.

– Não é verdade – disse Murray. – Falando em termos lógicos, as duas coisas poderiam ser verdade. – Murray era sempre metódico quando se tratava de ser preciso.

Feynman sorriu.

– Bom, melhor deixar que todos tirem suas próprias conclusões.

Murray esboçou um sorriso irônico e caminhou para a sala de seminários. Feynman achava divertido ficar provocando Murray, pois este sempre deixava que isso o irritasse. Em silêncio, com um gesto, mostrei Feynman para Ray.

– Quem era o outro cara? – Ray quis saber.

– Murray Gell-Mann.

– Ah, o cara dos quarks.

– É isso aí, o cara dos quarks.

– Eles sempre falam um com o outro desse jeito?

Dei de ombros. Raramente via os dois juntos.

– Eles me lembram o meu pai e a minha mãe – disse ele.

Na hora em que o seminário ia começar, Feynman gritou.

– Ei, Schwarz, em quantas dimensões você está hoje?

Não foi a única vez em que o vi fazer essa piadinha, uma referência às dimensões extras que a teoria das cordas exigia. Mas ele costumava fazer isso num espírito cordial. O que significava alguma coisa, pois nem sempre seus gracejos eram afáveis. Assim não achei que aquilo expressasse uma posição hostil da parte dele em relação às idéias em debate. Eu me sentia um pouco tenso, parado ali, esperando ao lado de Ray. Estava pronto para assistir a uma briga – será que Feynman e Murray iriam se unir contra Schwarz ou terminariam de algum modo se enfrentando? Fiquei um pouco constrangido por ter trazido Ray, de uma maneira parecida com a que sentimos quando um amigo presencia uma discussão entre nossos pais.

Schwarz sorriu e começou a palestra. Ele dava a impressão de estar à vontade. Até incluiu algumas piadas. Elas arrancaram uns poucos risinhos. Anos mais tarde, Schwarz, achando graça do fato, me contaria que, depois que ficou famoso, piadas semelhantes provocavam sonoras gargalhadas.

Feynman e Murray ouviram respeitosamente e fizeram somente poucas perguntas de ordem técnica. Não houve nenhum comentário em tom debochado.

Poucos minutos depois de a palestra ter começado, olhei para Ray. Ele estava dormindo.

Depois da palestra, na hora do chá e dos biscoitos no fundo da sala, apresentei Ray a Feynman. Tinha alertado Ray para não se mostrar agressivo. E, pelo amor de Deus, que não fizesse a Feynman perguntas de natureza psicológica ou metafísica. Por recomendação médica, ele não podia discutir metafísica, eu lhe disse. Ray me lançou um olhar estranho, mas tinha confiança de que se comportaria da melhor maneira possível. Feynman virou-se para mim.

– E aí? O seminário lhe ensinou alguma coisa sobre aquela "teoria maluca" pela qual você estava interessado?

– Quer dizer que sabia o tempo todo que era a teoria das cordas?

– É a única teoria maluca que temos neste departamento – ele respondeu.

– Se a teoria é maluca, por que você está aqui? – perguntou Ray.

Feynman sorriu.

– Vim pelos biscoitos.

Fomos para o corredor do lado de fora do auditório. Nesse ponto, o visitante de Montreal, que estava ouvindo ali por perto, aproximou-se.

– Não acho que deveríamos desencorajar jovens a explorar novas teorias só porque não são aceitas pelo establishment da física – ele disse.

Alguma coisa no seu tom desafiador me deu a impressão de que aquele cara se sentiria à vontade discursando num comício contra o imperialismo cultural em Berkeley. Mas Feynman levou a coisa na esportiva.

– Não o estou aconselhando a não trabalhar em algo novo – afirmou Feynman. Então olhou para mim e continuou: – Estou lhe dizendo apenas que, não importa aquilo em que você trabalhe, seja o seu crítico mais rigoroso. E não faça a opção pelos motivos errados. Só se dedique a uma coisa se realmente acreditar nela, porque, se não funcionar, você pode terminar desperdiçando um bocado de tempo.

– Bem, eu mesmo venho trabalhando na minha teoria há 12 anos – disse o visitante.

Feynman perguntou o que era. O homem a descreveu em termos sucintos. Ao terminar, ele pareceu ofendido pelo fato de ninguém ter ficado impressionado. A minha sensação, porém, era de que, só pelo fato de termos permanecido ali ouvindo aquilo com toda a educação, tínhamos merecido o prêmio concedido pelo movimento-em-prol-do-tempo-igual-para-teorias-imbecis, do qual eu tinha certeza de que ele fazia parte. O visitante pareceu captar esse sentimento, pois acrescentou:

– Foram necessários anos para que a comunidade da física aceitasse Einstein. Muitos anos estão sendo necessários para que dêem crédito a Schwarz. Não me importo que se passem anos até que reconheçam o meu trabalho. Considero um elogio. Tudo isso só vai tornar mais doce o momento do reconhecimento quando ele realmente chegar.

Não achei que a atitude do sujeito fosse agradar a Feynman. Mas parecia que ele o estava ouvindo atentamente. Quando o cara terminou, Feynman assentiu com a cabeça de modo educado, como se tivesse acabado de ouvir algo importante.

Então olhou para mim e disse:

– É exatamente isso o que queria dizer quando falei em desperdiçar o seu tempo.

O visitante afastou-se, irritado. Ray disse para Feynman:

– Puxa, como pôde falar isso na cara do sujeito? Foi cruel.

Cutuquei Ray com o cotovelo.

– Não gostou do que eu disse a ele? Por que não? Ele queria reconhecimento. Foi o que lhe dei. Eu o reconheci como um imbecil pretensioso – completou Feynman.

Exatamente nessa hora Helen apareceu no corredor. Ela estava segurando algumas cartas e envelopes, aparentemente a correspondência de Feynman. Fez um gesto indicando que deixaria o material na sala dele. Então, ao me ver, ela me chamou. Dirigi a Ray um olhar que queria dizer "Veja lá o que vai falar!". Ele me olhou de volta como se perguntasse: "*Moi?*" Estava apreensivo por deixar Feynman sozinho com Ray, mas, quando Helen mandava, a gente obedecia.

Quando finalmente voltei, o corredor estava vazio, e Ray, junto com alguns biscoitos abandonados, era tudo o que tinha sobrado na sala do seminário.

– E aí, como foi? – eu perguntei. – Ele vai deixar de falar comigo pelo resto da vida?

– Relaxe – ele disse. – Você precisa de um baseado.

– Ray, cale a boca! – Olhei ao meu redor, mas não estava certo se alguém tinha ouvido aquilo. O que não sabia na época era que o próprio Feynman havia experimentado maconha – e até LSD.

– Não se preocupe, correu tudo bem. Ele é meu chapa. Ei, você não tinha me dito que ele já ganhou um Prêmio Nobel.

– Ele contou isso a você?

– Contou.

– Ouvi dizer que nunca fala nisso. Feynman considera a instituição do Nobel em si uma injustiça. Uma grande distração. Uma espécie de falso deus. Ele me contou que, quando o primeiro repórter ligou de madrugada para lhe dar a notícia, ele pediu que telefonasse num horário decente e desligou.

– Bem, talvez se sinta desse jeito. Mas talvez também se sinta orgulhoso. Isso seria humano, não é? Talvez ele não se abra tanto com você quanto fez comigo – disse Ray.

– Quer dizer que você e Feynman agora são amigos do peito, eu suponho.

– Bem, sabe o que mais ele me disse? Finalmente me explicou o que vocês físicos fazem e por que fazem.

– Explicou?

– Sim.

– O que ele disse?

– Não, não, não. Você está querendo muita moleza. Pergunte a ele você mesmo. Melhor ainda, encontre sua própria resposta.

– Ei, Ray, *você* está falando como Feynman.

– Bem, temos opiniões bem parecidas sobre certas coisas.

Deixei ficar por isso mesmo. Mas compreendi que, de um jeito ou de outro, teria que arrancar aquilo de Feynman.

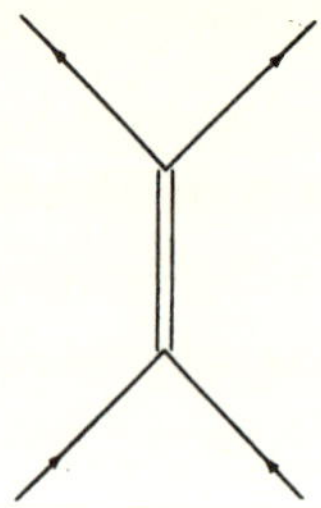

13

Em 1988, um antigo colega de turma dos tempos de Berkeley começou a escrever um texto sobre a teoria das cordas, hoje considerado uma obra de referência sobre o assunto para os estudantes de física. Ele tinha planejado terminar o livro um ano depois, em junho de 1989, "um mês a mais ou a menos". Não é raro que autores se atrasem nos seus projetos, mas esse livro só foi concluído em 1998. Levou quase 11 anos para ser escrito, mais de dez vezes o tempo previsto inicialmente. Por quê? A teoria das cordas é difícil. Há histórias famosas mostrando como era pequeno, nos primeiros tempos e até recentemente, o número de pessoas capazes de compreender a relatividade e a teoria quântica. Mas pode-se dizer com segurança que, mesmo hoje, ninguém entende a teoria das cordas.

A maior parte das novas teorias é, de certa forma, uma exigência da natureza. Elas se desenvolvem com base em novos princípios da física ou em fatos experimentais que precisam ser explicados ou ajustados aos conhecimentos existentes. A teoria das cordas não veio à luz dessa maneira. Como a penicilina, ela foi descoberta por acidente. Físicos teóricos ainda estão buscando o novo princípio da física que essa teoria supostamente representa. Aqueles que se apóiam em experiências continuam a procurar uma conseqüência da teoria que possa ser testada em laboratório. Os físicos que a estudam são como paleontólogos, cavando pacientemente e retirando o entulho à sua volta, como se estivessem desenterrando um gigantesco esqueleto de origem desconhecida.

Tudo começou no verão de 1967. Murray, que ainda não tinha recebido o seu Nobel, estava dando uma palestra no Centro Ettore Majorana, em Eice, na Sicília. Ele falava sobre aspectos da teoria S-matrix, aquela defendida pelo orientador de Schwarz, Geoffrey Chew. A teoria que nunca vingou. Na platéia havia um estudante de graduação italiano (na época trabalhando em Israel) chamado Gabriele Veneziano. Murray, sempre o classificador, sempre o "grego", estava discutindo algumas surpreendentes regularidades nas informações relativas às colisões de prótons e nêutrons. Veneziano ficou intrigado. Foi preciso um ano, mas ele acabou descobrindo a função matemática simples que descrevia, de forma quase mágica, aquelas regularidades. A palavra "mágica" não é usada aqui de maneira impensada: Veneziano não recorreu a nenhuma teoria da física para chegar àquela função; ele simplesmente encontrou a matemática que funcionava. Foram necessários mais alguns anos até que físicos apresentassem uma razão que explicasse *por que* funcionava. Esse porquê foi exposto pela primeira vez em 1970 num trabalho de Nambu e Susskind. Eles concluíram que a função matemática de Veneziano surgiria da teoria subjacente se prótons e nêutrons fossem modelados não como partículas em forma de pontos, mas como pequeninas cordas em estado de vibração.

Essa idéia aparentemente simples acabaria se revelando mais rica e mais difícil de implementar em termos matemáticos do que qualquer pessoa poderia supor na época. E, apesar de ser um modelo físico daquilo de que as partículas são feitas, não se tratava de um *princípio* da física, como a constância da velocidade da luz, que podia servir de guia à medida que os pensamentos explorassem todas as formas possíveis de desenvolver a teoria. Essa é outra razão pela qual a teoria das cordas é tão difícil.

Depois de minhas duas tentativas um tanto cautelosas de pôr em discussão o tema da teoria das cordas, certa tarde eu entrei na sala de Feynman para lhe perguntar o que realmente pensava a respeito.

– Podemos conversar um pouco sobre a teoria das cordas?

– Não quero falar sobre a teoria das cordas. Não sei muita coisa a respeito. – Ele baixou os olhos para o que estava lendo. – Se quer conversar sobre essa teoria, procure Schwarz.

– Já fiz isso.

– Então vá lá conversar mais um pouco. Estou trabalhando.

– É difícil de entender e estou tentando decidir se o esforço vale a pena.

– É como já falei: só você pode decidir isso.

– Não acha que há aspectos bastante promissores nela?

– Promissor? O que ela promete? Ela promete dizer a você qual é a massa do próton? Não. O que ela promete lhe dizer?

– Bem, ninguém sabe ainda como extrair alguma predição quantitativa, mas...

– Você está errado. Ela é capaz, sim, de fazer uma predição quantitativa. Sabe qual é?

Olhei para ele. Não me ocorria nada.

– Ela exige que nós vivamos em dez dimensões. É razoável ter uma teoria que exija dez dimensões? Não. Nós vemos essas dimensões? Não. Então ela as embrulha em pequenas bolas ou cilindros que são pequenos demais para serem detectados. E aí a única predição que faz tem que ser desconsiderada porque não se encaixa em nada que possa ser observado.

– Eu sei... ainda há muita coisa a ser trabalhada. Mas o que me intriga é que a teoria das cordas tem o potencial de unificar em uma única teoria todas as forças conhecidas pela física. Até mesmo a gravidade.

Ele me olhou com uma expressão estranha. Era como se estivesse batendo papo casualmente com um bispo católico e este de repente tivesse lhe perguntado por sua mulher e pelas crianças.

– Uma teoria do campo unificado. Não é isso que todos nós queremos? – eu perguntei.

– Eu não *quero* coisa nenhuma. A natureza não tem nada a ver com o que *eu quero!* Como saber se existe uma teoria unificada? Talvez existam quatro teorias! Talvez haja uma teoria para cada força! Não sei. Não digo à natureza o que fazer. A natureza é que me diz. Toda essa discussão não faz sentido! Essa história me irrita! Já disse, não quero falar da teoria das cordas!

Esta última parte foi dita quase num grito. Ainda por cima, ele estava agitando os braços. Fiquei perplexo. Primeiro, porque eu pensava que o motivo pelo qual todos nós tínhamos optado pela física era nossa paixão pela beleza e elegância da natureza. Segundo, pela expressão no seu rosto: eu estava com medo de que ele me mordesse. Concluí que era hora de sair dali.

– Olhe, desculpe. Só queria saber qual sua posição a respeito.

– Minha posição? Minha posição é que você está atravessando um período de seca e agora está se debatendo, procurando algo em que se agarrar, uma coisa em que trabalhar.

– E isso é errado? – perguntei.

– O que é errado é me procurar para conversar sobre a teoria das cordas.

– A sua opinião é importante para mim.

– Como falei antes, o que deveria importar para você não é a minha opinião, mas a *sua* opinião.

– Desculpe tê-lo incomodado – eu disse, já começando a sair.

– Olhe – ele acrescentou –, selecionar um problema para se pesquisar não é como escalar uma montanha. Você não faz isso só porque ela está lá. Se realmente acreditasse na teoria das cordas, você não viria até aqui me perguntar nada. Viria aqui *me dizer*.

Eu me sentia como um garotinho que tinha acabado de levar uma bronca do pai. De volta ao corredor, levei outra bronca... da mãe. Esbarrei em Helen. Embora fosse a secretária do andar inteiro, ela trabalhava principalmente para Feynman e Murray. Uma mulher de meia-idade, magra, que possuía coragem suficiente para fazer frente aos dois e toneladas a mais de coragem para lidar comigo. Ela estava franzindo a testa.

– O que disse ao professor Feynman para deixá-lo irritado desse jeito?

Eu dei de ombros.

– Sabe que não deve interrompê-lo quando está trabalhando.

– Acho que só escolhi o tema errado para conversar.

– Filosofia? – ela perguntou.

– Não, teoria das cordas – disse.

– Ai, meu Deus, isso é tão ruim quanto filosofia.

– Posso fazer uma pergunta?

– Talvez – ela disse. – O que é?

– Se todo mundo é tão cético assim a respeito do trabalho de Schwarz, por que ele continua aqui depois de nove anos?

Ela me olhou. Não sabia se aquilo significava "Quer dizer que você não sabia?" ou "Por que se importa com isso?". Mas, depois de um momento, ela disse em voz baixa:

– Ele tem alguém que zela por ele.

– É? Quem? – perguntei.

– Murray – ela respondeu.

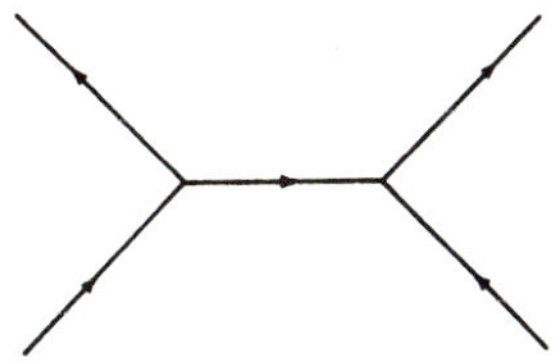

14

Dias depois, eu estava na minha sala no final da tarde. Pouco antes, tinha ficado sabendo por Constantine que Murray se distanciara durante anos da sua filha porque ela havia se filiado ao que se tornaria o partido marxista-leninista dos Estados Unidos e era uma grande fã da Albânia.

Sentei-me à mesa pensando que havia algum paralelo entre as atividades políticas de Lisa e o apoio clandestino que Murray prestava à teoria subversiva de Schwarz. Afinal, em certo sentido, a posição política de Lisa estava tão longe das idéias convencionais quanto a teoria das cordas e a própria descoberta/invento de Murray, com seus quarks contendo cargas fracionárias.

Será que a filha tinha herdado do pai a capacidade para, em nome de uma teoria, ignorar as informações mais óbvias – como a ausência no nosso mundo das dimensões extras exigidas pela teoria das cordas ou pela ausência na Albânia de certos confortos como comida, roupas e abrigo? Será que partilhavam a centelha de genialidade (ou a maldição) de enxergar, através da fachada da realidade, uma verdade mais fundamental?

Minhas ponderações foram interrompidas por Murray, que, mais uma vez, eu ouvia gritar do outro lado da parede. Era inquietante, mas isso não me aborrecia, pois minha sala era silenciosa demais para o meu gosto. O que me incomodava, tendo o comunismo ainda em mente, era pensar no indivíduo triturado na outra ponta da linha recebendo aquela descompostura. Decidi que, se Helen era capaz de fazer frente a ele, eu também era. Diria a ele uma ou duas verdades.

Quando pisei no corredor, meu coração estava disparado. Afinal, Murray precisava de Helen. Com ele e Feynman, Helen parecia formar a alma daquele departamento. Eu, por outro lado, era descartável. Murray poderia esmagar minha carreira sem pensar duas vezes. Imaginei o pior, que me veria privado do suprimento de papel e giz do departamento. Ou que seria transferido para outra sala, ao lado do boiler ou – talvez com ajuda de Lisa – para a Albânia. No entanto, quando cheguei diante da sala dele a gritaria já tinha acabado. Fiquei aliviado.

Reparei que a porta estava entreaberta, o que era raro. Tanto Murray quanto Feynman deixavam as portas fechadas. Isso ajudava a evitar interrupções por parte de estudantes, professores e pesquisadores mais jovens, como eu. Também contribuía para manter à distância os malucos que sempre infestam as faculdades mais avançadas. Eles costumavam chegar para mostrar suas novas descobertas. Partículas mais velozes do que a luz ou a idéia de que o universo é uma panqueca e nós somos o molho – não importava no que acreditassem, sempre se viam como novos Einsteins. Ter o azar de esbarrar num desses candidatos a gênio poderia significar perder uma ou duas horas. Era preciso tato na hora de se livrar deles, pois às vezes se descobria que uns e outros andavam armados. Em Berkeley, um cara reagiu à rejeição vagando com uma faca do lado de fora do prédio do departamento de física. O orientador da minha tese de doutorado contou o caso de um sujeito em Columbia que voltou com uma arma. Como o professor tinha saído, ele matou sua secretária.

Olhei pela fresta da porta de Murray. Esperava vê-lo reclinado na cadeira, sorrindo enquanto saboreava a vitória que acabara de conquistar. Mas o que vi foi um homem aparentemente alquebrado, os cotovelos fincados na mesa, a cabeça pousada entre as mãos. Seu rosto estava cheio de angústia. Eu tinha perdido toda a vontade de gritar com ele. Ao contrário, sentia pena. Não sabia por que ele estava perturbado. No dia seguinte voltei a consultar meu oráculo grego, Constantine, em busca de uma resposta. Ele me disse que a mulher de Murray havia morrido de câncer recentemente.

Decidi parar de ficar ali bisbilhotando e me afastar. Mas era tarde demais. Ele tinha me visto.

– Posso ajudar? – ele perguntou.

Fiquei paralisado. O que podia falar? "Vim aqui lhe dizer para parar de gritar com as pessoas, mas em vez disso decidi ficar apenas espionando?"

– Ah, oi. Entre – ele disse, me reconhecendo através da fresta.

Abri a porta e entrei, me sentindo pouco à vontade.

– Queria agradecer de novo por ter me dado aquele livro maravilhoso do seu irmão – ele acrescentou.

Alguns anos antes, quando ainda estava no segundo grau, meu irmão mais novo, Steve, escreveu um livro sobre os pássaros da região de Chicago. Murray era um apaixonado observador de pássaros e ecologista. Era capaz de recitar as diferentes características que identificavam vários pássaros com a mesma facilidade com que falava maia erudito. Provavelmente conseguia recitar as características dos pássaros em maia erudito. Então, quando me instalei na sala ao lado, dei-lhe um exemplar de presente como uma oferta de boas-vindas invertida.

– Foi muito gentil da sua parte – ele continuou.

– Meu irmão ficou bastante entusiasmado quando lhe contei que estava lendo o livro.

Murray sorriu.

– Então, que posso fazer por você? Vi que estava no seminário do John sobre a teoria das cordas – ele disse.

Aquilo parecia uma deixa.

– Eu estava pensando... Qual sua posição a respeito da teoria das cordas?

– Acho que é muito promissora.

– Promissora em que sentido? – Depois da minha experiência com Feynman, eu estava me comportando com muita cautela. Não queria dizer nada idiota. Mas acabara de fazer isso. Como alguém que tinha lido alguma coisa sobre a teoria das cordas não saberia por que certas pessoas a consideravam promissora? Feynman talvez me fulminasse por causa disso, mas Murray não pareceu se incomodar com a pergunta.

– Pode vir a ser a teoria que unifique todas as forças da natureza. Uma única teoria para a força gravitacional, a força elétrica, todas as forças, esse era o sonho de Einstein. Isso não é uma inspiração para todos nós? Imagine: uma única, uma simples fórmula que explique a grande multiplicidade de partículas e todas as suas interações!

– Ainda assim as pessoas se mostram muito céticas.

– Elas têm esse direito. Mas vale a pena correr atrás disso. Veja, quando eu trouxe John para cá, há quase dez anos, não conhecíamos sequer o vínculo que existia entre a gravidade e as cordas. Naquela época, eu nem sabia *para que* as cordas serviriam. Mas acreditava que seria fantástico. Era lindo demais para não ser. É claro que nem todo mundo via as coisas desse modo. Depois, quando John Schwarz e Michael Green encontraram o vínculo com a gravidade, foi muito gratificante. Fiquei orgulhoso e feliz por ter John aqui no Caltech. Mesmo assim, algumas pessoas influentes não compreendem. Há uma oposição encarniçada. Existe mesmo uma hostilidade.

– Acho que as pessoas não conseguem ver uma ligação dessa teoria com a realidade – eu disse.

– Isso acontece porque as pesquisas sobre a teoria das cordas se desenvolvem da maneira menos ortodoxa possível. Criá-la é um processo de descoberta, não se trata de invenção. Eles estão procurando alguma coisa que está lá, e não criando algo que se encaixe nas informações obtidas em experiências. O progresso é lento. Mas nossa esperança é que as pessoas estejam montando, ponto por ponto, uma teoria sem igual – que apresente uma coerência interna. É por isso que as apóio. Minha intuição me diz que há alguma coisa ali. Digamos que eu esteja mantendo uma reserva natural para a preservação de teorias ameaçadas.

Como viria a saber depois, Feynman não tinha nenhuma objeção à idéia de que uma teoria como a das cordas pudesse já estar "lá", esperando para ser desenterrada, como acreditava Murray. Feynman, porém, sustentava que só um princípio ou a observação da natureza poderia nos levar à teoria certa, e não o desejo de um cientista pela unificação. Era sua abordagem babilônica: dê prioridade ao fenômeno e não à explicação.

Então, enquanto Feynman debochava da teoria das cordas, Murray a defendia. Era assim com eles: atraídos pelo que havia de genial um no outro e ao mesmo tempo repelidos pelas suas respectivas filosofias, mantinham-se em órbita graças ao equilíbrio. De algum modo, eu era incapaz de imaginar qualquer um dos dois sem o outro. Quando Feynman morresse, essa era minha impressão, Murray ficaria fora de órbita, da mesma maneira que aconteceria com a Lua se a Terra desaparecesse de repente.

Talvez o objetivo da ciência seja descrever a realidade, mas enquanto ela for desenvolvida por seres humanos, as qualidades humanas acabarão afetando a descrição. Os Feynmans continuarão se agarrando às informações disponíveis, os Murrays serão guiados por sua filosofia, sua necessidade de classificar a natureza de forma nítida e límpida. No fim das contas, um deles ou ambos podem ser bem-sucedidos. Se os dois conseguirem isso, um enviado de paz mostrará como suas teorias se complementam, como Freeman Dyson fez com os diagramas de Feynman. Da mesma forma que na mecânica quântica é possível ver a energia tanto como partículas quanto como ondas, visões diferentes podem se revelar corretas, não passando de maneiras distintas de abordar o mesmo milagre multifacetado – a natureza.

Murray provou ser um conservacionista. Embora tenha existido uma considerável pressão para que a contratação de Schwarz não fosse renovada, ele na verdade acabara de receber uma pequena promoção a pesquisador sênior e assinara um novo contrato por mais três anos. Ainda não era o que Murray desejava para ele – uma cadeira em posição permanente –, mas por enquanto servia.

Quando fiquei sabendo da morte da mulher de Murray, eu o admirei por conseguir se concentrar o suficiente para obter tanto apoio para John. A doença de Margaret havia se prolongado por um ano. Era uma forma de câncer para a qual não havia nenhuma esperança de cura – um câncer no cólon que estava se espalhando pelo fígado.

No início, Murray encarou o câncer de forma parecida com a que Feynman enfrentou o seu – informando-se sobre tudo o que se sabia a respeito e envolvendo-se totalmente nas decisões sobre o tratamento. No final, seus enfoques divergiram. Feynman, como sempre, aferrou-se aos dados disponíveis – o fato de que havia muito pouco que pudessem fazer por ele. Mas Murray teve muita dificuldade para aceitar que, mesmo com o seu gênio e com os recursos da ciência moderna, ele não podia salvar Margaret, sua única amiga de verdade. Mesmo depois que lhe disseram que não restavam mais esperanças, tentou desesperadamente mantê-la viva com a ajuda de terapias experimentais na expectativa de que, nesse meio tempo, a cura fosse descoberta.

E, em meio a tudo isso, conseguiu dar um jeito de manter John Schwarz na ativa no Caltech.

Constantine me disse que a crença geral era a de que, no período imediatamente posterior à morte de Margaret, Murray se tornou menos duro. Não gritava tão alto como costumava fazer ou com tanta freqüência. Segundo Constantine, de algum modo ele não parecia mais ser o mesmo. Nunca conheci o "velho Murray", mas, à medida que o observava ao longo do ano seguinte, de fato constatei que ele se tornava gradualmente mais brando. Nunca mais ouvi seus gritos através das paredes da sala. Fiquei pensando se era apenas porque sua energia já não era a mesma ou se aquilo era conseqüência de uma mudança num nível mais profundo. Teria ele, por causa da perda, encontrado uma maneira melhor de viver? Mais tarde passei a sentir pena de Murray. Não pelo fato de ele não sentir mais necessidade de esbravejar, vociferar e querer se mostrar superior a toda hora, mas porque, depois dos primeiros 52 anos de sua vida, ele foi efetivamente superior.

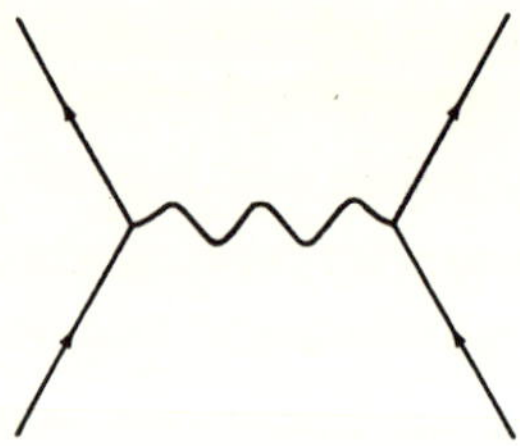

15

Constantine e eu caminhávamos ao longo das oliveiras num final de tarde. O campus estava silencioso. Chovera na noite anterior e durante a manhã, mas a chuva tinha parado havia pouco tempo. Os ramos das oliveiras brilhavam à luz do sol que acabava de sair. Pouco antes, Feynman havia sugerido que eu fosse ver um aluno da graduação que morava num alojamento nas proximidades. Finalmente decidi ir até lá e chamei Constantine para me acompanhar.

Seus olhos estavam vermelhos. Outra noite passada com Meg. Drinques em algum bar da moda em Hollywood. Mas seu Fiat quebrou na chuva. Um carro fantástico, desde que você não precise dele para ir a algum lugar. Para Constantine, porém, servia. Depois de pegarem uma carona num reboque, ele e Meg transaram a noite inteira. Segundo Constantine, no plano intelectual parecia não haver nenhuma química entre os dois, mas nos outros planos aparentemente não existiam problemas. Para mim, era como se tivessem sido feitos um para o outro, como os modelos nas capas da *Cosmopolitan* e da *Cigar Aficionado*.

Estava me sentindo solitário e fiquei feliz por ele ter concordado em me acompanhar. Sempre pronto para uma nova aventura. Esse era Constantine.

– O que há de tão especial nesse cara para o Feynman mandar você ir até lá?

Eu dei de ombros. Tudo o que sabia é que Feynman tinha dito que seria interessante ou, como costumava pronunciar, in-te-res-SAN-te. Parece que o estudante possuía uma coleção de aranhas, e achei que devia ser uma coleção muito boa para merecer essa atenção especial.

Constantine caminhava com elegância pela calçada molhada. Conseguia andar sem que uma gota d'água caísse em cima dos seus elegantes sapatos italianos. Sem querer, eu pisei numa poça profunda e encharquei meu tênis Adidas. Devia haver um buraco no concreto. Enquanto sacudia a água do meu tênis, Constantine me perguntou se eu gostaria de trabalhar com ele em sua pesquisa.

– Esqueça a teoria das cordas – ele disse. – Tire da cabeça essa história de resolver a cromodinâmica quântica por meio da matemática. Computadores – eles são a resposta. Computadores são o futuro. Você quer obter sucesso? Embarque nessa agora.

Constantine fazia pesquisas com cromodinâmica quântica, mas pertencia ao crescente grupo de físicos que trabalhava numa área chamada teorias das redes tridimensionais. Como as equações da cromodinâmica aparentemente não podiam ser resolvidas por seres humanos, a abordagem deles contava com os computadores para fazer isso. E como nenhum computador, por mais rápido que seja, é capaz de lidar com a infinidade de pontos no continuum do espaço-tempo, os teóricos de rede precisavam reescrever as equações em termos de um número finito de pontos numa treliça, numa rede tridimensional – daí o seu nome, teóricos de rede.

A proposta de Constantine me pegou de surpresa. Ele me lembrou Ray falando sobre sua garota e o trabalho dela em Bellevue.

– Você vai ver – disse Ray. – Um dia os computadores estarão por toda parte. Vão ser como o HAL no *2001, uma odisséia no espaço.*

– Talvez – eu respondi. – Mas será que eles vão conseguir recolher o lixo?

– Não. Acho que meu emprego está garantido. Mas aposto que vão ser capazes de acender um baseado – acrescentou Ray.

– Esse vai ser um dia triste.

– Na verdade, não – ele disse. – Eles não vão tomar o lugar dos seres humanos. Vão aumentá-lo. Com um HAL doidão ao seu lado, a festa vai ficar ainda melhor.

Eu tinha uma pequena experiência com programação de computadores, mas não via de que modo poderiam melhorar uma festa. Da mesma forma, não os considerava uma panacéia destinada a elucidar teorias até então insolúveis. Gostava de Constantine, mas na verdade não acreditava na sua maneira de encarar as coisas. Conseguir respostas de um computador era como obtê-las de uma caixa-preta. Sentia que eles forneciam soluções – resultados numéricos – sem proporcionar a compreensão que alcançamos quando nós mesmos resolvemos matematicamente as equações. Nunca tinha mencionado nada disso a Constantine e não me parecia útil falar sobre isso agora. E mais: para mim, o simples fato de não acreditar naquela abordagem não queria dizer que ela não fosse correta ou que não devesse trabalhar nela. Contra minha intuição pessoal, precisava colocar na balança o fato de que as teorias das redes estavam muito mais "na moda" do que a teoria das cordas. Além disso, pareciam bem mais promissoras se meu objetivo fosse conseguir um lugar de professor titular na faculdade. E provavelmente eu gostaria de trabalhar com Constantine.

– Veja – disse ele, percebendo minha hesitação –, nós calculamos a massa do próton. Isso é algo que ninguém pode fazer usando matemática convencional.

Ele estava certo. A massa do próton era uma coisa simples de ser medida pelos experimentalistas. No entanto, teoricamente, ela dependia dos quarks no seu interior e de suas interações através da força forte. Era um desses problemas da cromodinâmica quântica que ninguém sabia como resolver. Constantine causou um pouco de sensação ao fazer aquilo usando o computador: até as muitas pessoas que encaravam essas máquinas com ceticismo espantaram-se com a precisão da resposta obtida.

– Afinal, foi isso que me pôs aqui no Caltech, não foi? – Disse ele, piscando para mim.

Encontramos o quarto. O cara das aranhas respondeu quando bati à porta. Ele era magro e vestia uma camiseta do Caltech várias vezes maior do que o seu tamanho. Tinha um aposento amplo, iluminado pela luz do sol, mas duvido que desse valor a isso. Pensei que se sentiria bem do mesmo jeito numa caverna. Isso também valia para os que pareciam ser os principais ocupantes do lugar – várias centenas de aranhas.

O quarto estava repleto de pequenas mesas de pernas dobráveis dispostas de um modo que cobria todo o chão com uma eficiência matemática, mas que não dava mostra de nenhuma consideração pelo conforto humano. Entre elas mal havia lugar para andar. Sobre as mesas estavam fileiras e mais fileiras de pequenos copinhos de plástico. Cada um conti nha uma aranha ou pelo menos um inseto parecido com uma aranha. Aranhas grandes. Aranhas pequenas. Aranhas cabeludas. Aranhas carecas. Aqui e ali havia aranhas que, segundo ele, eram venenosas.

– Elas não conseguem sair dali – explicou. – Olhem. – E inclinou um dos copos para mostrar como era escorregadio demais para ser escalado pela aranha.

Teria ele passado cera ali? Teria usado spray para espalhar algum produto? Eu não sabia. Fosse qual fosse o truque, funcionava. Aliás, graças a Deus. Então fiquei imaginando o que aconteceria em caso de terremoto. Tinha ocorrido um de 7.2 perto de Eureka em novembro do ano anterior. Os pensamentos de Constantine pareciam ser de natureza menos teórica.

– Ei – disse ele, depois de examinar a coleção –, onde é que você dorme?

Aquilo chamou a minha atenção. No quarto não havia uma cama, nem mesmo uma cadeira. Só aquelas mesas para as aranhas.

– Debaixo das mesas – ele respondeu.

– As garotas devem adorar isso – disse Constantine.

– Ah, não. Para isso eu vou à casa delas.

Levando em consideração seus interesses e a escassez de alunas entre os estudantes do Caltech, fiquei admirado de ele conseguir uma garota e de gostar daquilo. Ele parecia estar apaixonado pelas suas aranhas.

Nós saímos.

– Fico imaginando por que Feynman o mandou ver *isso* – disse Constantine.

– Não sei. Mas ele tinha razão. É mesmo interessante – eu respondi.

– De um modo um tanto doentio.

Encolhi os ombros.

– Ele parecia bem feliz – eu disse.

– Ei, às vezes as pessoas malucas são as mais felizes. Estão doentes demais para perceber como deviam estar infelizes.

Ele parou para acender um cigarro.

– Schwarz provavelmente está feliz também. Deve dormir debaixo de uma pilha de cordas – disse Constantine. Lentamente, ele soprou uma nuvem de fumaça. De repente me deu vontade de fumar um cigarro. Aquilo parecia lhe dar uma satisfação muito profunda. – Se quiser aprender sobre as redes tridimensionais, me diga – ele falou. – Uma coisa eu prometo... não vai precisar dormir debaixo de mesas cheias de aranhas, nem de cordas.

Dito isso, continuamos a caminhar na direção do edifício do departamento de física. Avistei Feynman ao longe. Eu passeu os últimos dias à sua procura, na esperança de bolar um jeito casual de encontá-lo.

Queria saber se ainda falaria comigo. Disse a Constantine que o veria mais tarde. Andei na direção de Feynman.

Quando o alcancei, ele estava contemplando um arco-íris. Seu rosto mostrava um olhar intenso, como se estivesse concentrado. Como se nunca tivesse visto aquilo. Ou talvez como se aquele fosse o último que ele veria.

Eu me aproximei cautelosamente.

– Professor Feynman, oi.

– Olhe, um arco-íris – ele disse, sem olhar para mim. Fiquei aliviado por não detectar nenhum indício de aborrecimento na sua voz.

Eu me juntei a ele na contemplação do arco-íris. Quando se parava para olhar, aquilo parecia mesmo impressionante. Não era algo que eu costumasse fazer – pelo menos naquela época.

– Fico imaginando o que os antigos pensavam a respeito dos arco-íris – murmurei. Havia muitos mitos baseados nas estrelas, mas achava que os arco-íris deviam parecer igualmente misteriosos.

– Essa é uma pergunta para Murray – ele disse.

Acabei colocando essa teoria de Feynman à prova, fazendo a pergunta a Murray. É claro que descobri que ele era uma verdadeira enciclopédia quando se tratava de culturas antigas ou indígenas – e até colecionava artefatos. Com Murray aprendi que, para o povo navajo, o arco-íris era um sinal de sorte, enquanto outras nações indígenas o consideravam uma ponte entre os vivos e os mortos. Não entendi bem os nomes dessas tribos porque ele os pronunciava de um modo tão autêntico que os tornava ininteligíveis.

– Tudo o que sei – continuou Feynman – é que, de acordo com uma lenda, os anjos colocavam ouro em uma das pontas do arco-íris e somente um homem nu poderia apanhá-lo. Como se um homem nu não tivesse coisa melhor para fazer – acrescentou, com um sorriso maroto.

– Você sabe quem foi o primeiro a explicar a verdadeira origem do arco-íris? – perguntei.

– Foi Descartes – ele respondeu. Depois de um momento, me olhou nos olhos. – E qual você acha que foi a característica do arco-íris que mais se destacou aos olhos de Descartes para inspirá-lo na sua análise matemática? – perguntou.

– Bem, o arco-íris, na verdade, é a parte de um cone que surge como um arco das cores do espectro quando gotas d'água são iluminadas pelo sol atrás do observador.

– E?

– Suponho que sua inspiração tenha sido a compreensão de que o problema podia ser analisado a partir de uma única gota d'água e da geometria da situação.

– Você está deixando de lado uma característica fundamental do fenômeno – ele disse.

– Tá legal, desisto. Para você o que teria inspirado a teoria dele?

– Eu diria que sua inspiração veio do fato de ele achar que os arco-íris eram lindos.

Olhei para Feynman com uma expressão envergonhada. Ele olhou para mim.

– Como está indo seu trabalho? – perguntou.

Dei de ombros.

– Na verdade não está indo a lugar nenhum. – Desejei ser como Constantine. Para ele tudo vinha fácil.

– Deixe eu lhe perguntar uma coisa. Tente se lembrar da época em que você era garoto; no seu caso, isso não significa voltar muito no tempo. Você gostava de ciências quando era criança? Foi a sua paixão?

Assenti com a cabeça.

– Sim, desde sempre.

– Eu também – ele disse. – Lembre-se, a idéia é a gente se divertir. – E caminhou, se afastando.

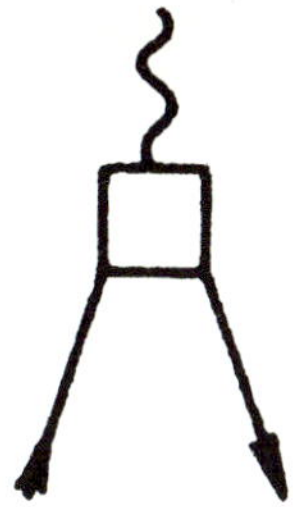

16

No breve período em que conheci Feynman, ele exerceu uma influência tremenda sobre a minha vida. Não compreendia ao certo por quê. Sabia que ele não seria nenhuma espécie de orientador ou mentor. Feynman fugia de todos os assuntos administrativos relacionados ao departamento e fazia pouco para ajudar os seus próprios alunos do pós-doutorado e os outros estudantes. Chegou até a fazer Helen enviar uma carta incomum a todos os físicos iniciantes que tinham trabalhado com ele e que haviam deixado o Caltech nos últimos dois anos. A circular informava que ele não escreveria mais cartas de recomendação porque nos dois anos anteriores não acompanhara as pesquisas que vinham realizando. Feynman era bem perseverante quando se tratava de evitar qualquer atividade que não achasse in-te-res-SAN-te. Podia ser ríspido e duro, mas mesmo assim nunca perdi a imediata afeição que experimentei na primeira vez em que o encontrei. Por quê?

Naquela época não sabia a resposta. Hoje, como pai de duas crianças, eu reconheço a atração. Mesmo depois de todos os altos e baixos dos seus cinqüenta e tantos anos de vida adulta, mesmo no processo que levaria à sua morte, Feynman continuava a ser uma criança. Juvenil, alegre, brincalhão, travesso, curioso... in-te-res-SA-do. Acrescente um pouco de cabelo, subtraia algumas rugas, devolva a ele sua saúde e você terá o mesmo Feynman que, com palavras inventadas num italiano macarrônico, amaldiçoava os motoristas barbeiros do Brooklyn cinco décadas antes.

Ficar por perto de uma criança crescida como Feynman nos levava a questionar as coisas, como, por exemplo, tudo aquilo que fazemos na vida porque somos obrigados a fazer – ou pelo menos *pensamos* que somos obrigados. Ficarmos sentados em reuniões tediosas ao lado de colegas ou clientes quando desejaríamos estar lá fora admirando um arco-íris. Ou administrando nossas carreiras por um caminho pelo qual não temos nenhuma paixão somente porque supomos que aquela seja a trilha do sucesso. Da mesma forma que os meus garotos hoje, Feynman era notavelmente franco com as pessoas, inclusive consigo mesmo, e ninguém podia forçá-lo a fazer algo que não quisesse, pelo menos não sem que ele resmungasse. E, ao contrário, lá estava eu, ainda livre para escolher meu próprio caminho, mas já fazendo concessões quase antes mesmo de começar. E, no meu caso, o que valia a pena fazer? O que daria sentido à minha vida? A teoria das cordas? A teoria das redes? Ou simplesmente "cavar o meu lugar" num local como o Caltech?

Na sua sala, Feynman me contou como tinha encontrado o seu lugar na vida, na física.

> Esperava-se que minha opção fosse pela física. Sabe qual era o motivo da certeza? Eu tinha um laboratório quando criança e me habituei a brincar ali. Costumava dizer que fazia experiências, mas na verdade só quando entrei para a faculdade é que fui compreender o que era isso realmente. Uma experiência era uma maneira de se medir algo com o objetivo de pôr à prova uma idéia. Mas meus experimentos não eram isso. Minha experiência consistia em criar uma célula fotoelétrica que fazia soar uma campainha quando se passava na frente dela ou fazer um rádio funcionar,

qualquer coisa assim. Não havia o objetivo de realizar uma descoberta. Eu só estava brincando. Costumava brincar no meu laboratório. E tinha o hábito de consertar rádios. Na minha cidade, na época da Depressão, não se gastava muito... Eu era apenas um garoto e fazia coisas para mim mesmo, comprava peças. Compreendia o que estava fazendo. Realmente gostava muito de ficar lá somente criando coisas.

Assim, descobri essa capacidade para análise teórica. No começo, fui para o MIT como um calouro do departamento de matemática. Procurei o chefe daquele departamento e perguntei: "Senhor, de que serve a matemática pura a não ser para ensinar matemática mais pura ainda?" E ele respondeu: "Se você precisa fazer essa pergunta, é melhor não continuar a se dedicar à matemática."

Ele estava absolutamente certo. E isso me ensinou muito.

Eu só escolhi matemática porque descobri que tinha facilidade para essa disciplina. E, de alguma maneira, absorvi a idéia de que era algo que estava num nível superior. Mas, na verdade, me interessei por ela por causa da ciência aplicada. Não tinha percebido isso plenamente.

Estava interessado na matemática e em todas as outras coisas considerando possíveis maneiras de usá-las. E, quando falo em uso, me refiro à aplicação, à compreensão da natureza – *fazer algo* com isso. Não apenas fazer mais disso, aquela coisa de lógica, aquele monstro. É claro que não há nada de errado nisso. Não quero menosprezar os matemáticos. As pessoas têm interesses diferentes. Notei, porém, que o meu não estava na exatidão das provas, mas no que estava sendo provado – o que não é a atitude habitual dos matemáticos. Eles gostam de estruturar a natureza das provas e coisas assim. Eu estava mais voltado para os fatos demonstrados sobre as relações matemáticas, pois queria usá-los para alguma coisa, entende? Então a atitude era diferente.

Achei o meu lugar na física. Esta é a minha vida. Para mim, não há nada mais divertido do que a física, de outro modo não poderia estar trabalhando com isso.

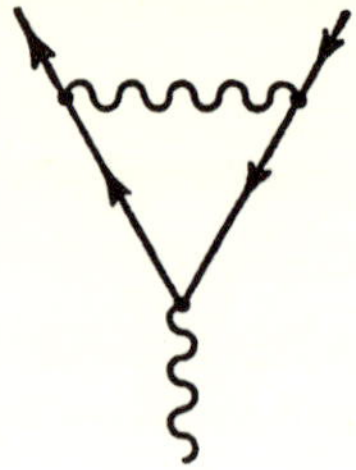

17

De pé na minha cozinha, sorvi um gole de um café forte, doce e encorpado. Nada me sugeria que aquele seria o início do pior dia da minha vida.

Tinha me levantado cedo porque estava na cidade um professor que conheci nos meus tempos de aluno da graduação. Ele foi bastante gentil ao orientar meus trabalhos, mas eu não o encontrava havia anos. Tínhamos marcado um café no Athenaeum no fim da manhã – na verdade, como ele dizia, um almoço. Depois, ele teria que voar de volta para Boston e eu precisaria me apressar para uma consulta médica.

Para mim, naquela época, "cedo" significava lá pelas dez horas. Isso me faz parecer um vadio, mas desde a minha época de estudante me acostumei a trabalhar até bem depois da meia-noite. Essa é uma tradição entre os físicos que remonta a René Descartes, no século XVII. Descartes nunca se levantava antes do meio-dia. Deve ter sido um pioneiro nessa tradição porque as pessoas não o entendiam, e o hábito lhe valeu a fama de preguiçoso. Mesmo assim, ele conseguiu revolucionar os campos da física, da matemática e da filosofia. Nada mau para um sujeito preguiçoso.

Quando eu estava cursando a graduação, costumava cercar meu trabalho com uma aura romântica. Dormia até tarde, trabalhava até de madrugada e vivia indo a festas. "Posso não revolucionar esses três campos do conhecimento, mas, pelo menos em relação aos horários, posso ser como o jovem Descartes", pensava. Por causa dessa rotina e do fato de que todos os meus pensamentos e quase todas as minhas energias eram dedicados exclusivamente aos estudos, eu não tinha muito contato com o mundo exterior. Até mesmo as festas eram com outros alunos. No entanto, ficava satisfeito por manter esse vínculo com os meus pares, tanto com os contemporâneos quanto com os de outras eras. Para mim, físicos de épocas diferentes, como Einstein e Newton – e Descartes, é claro –, faziam parte da mesma comunidade como amigos que vivessem num lugar distante. Éramos todos membros de uma sociedade honrada, cada um colaborando com quantos tijolos pudesse para erguer o edifício da física teórica.

Estar no Caltech era um pouco diferente. Não havia aquela imersão. Quando estudei a teoria das cordas, me pegava olhando o relógio vezes demais e procurando um tipo de distração sempre que possível. Não estabelecia muitos vínculos com meus colegas, mas o vigia noturno era particularmente amistoso. Então, em vez de atravessar madrugadas conversando sobre física, terminei aprendendo um bocado sobre a situação do futebol no México.

O que me fez ficar acordado até tarde na noite anterior foi uma antiga distração – escrever. Tudo começou durante uma de nossas noitadas em torno da projeção de *O cão dos Baskervilles*. Enquanto eu e meus vizinhos assistíamos ao filme, começávamos, como sempre, a gritar falas alternativas engraçadas para os diálogos. E de repente percebi: aquele era um filme que implorava para ser parodiado. Assim comecei a escrever uma paródia, no estilo de *Apertem os cintos, o piloto sumiu*, um filme que eu tinha visto cinco vezes na época da estréia, mais ou menos um ano antes.

Embora desde os nove anos eu estivesse sempre escrevendo um ou outro conto, tinha vergonha de revelar a qualquer um do Caltech alguma coisa a respeito do roteiro. Físicos, especialmente os dedicados à teoria, muitas vezes são imbuídos do espírito de missionários – quando não são pura e simplesmente esnobes. Dedicar-se à literatura talvez fosse algo aceitável, mas, com toda a certeza, um roteiro representaria descer a menos zero na escala intelectual. Esperava-se que eu me mostrasse obcecado por física e não por Sherlock Holmes.

Pensava sobre isso quando cheguei ao Athenaeum às onze e meia da manhã para encontrar aquele professor. Houve uma certa intimidade entre nós nos tempos da faculdade, e eu me perguntava se devia pedir seus conselhos sobre as dificuldades que agora vinha enfrentando com as pesquisas e sobre o meu novo interesse. Não tinha certeza de como ele reagiria. Quando o professor apareceu, a primeira coisa que chamou a minha atenção foi notar que ele parecia exatamente como eu o tinha visto pela última vez – corpulento, com um ar paternal, os cabelos grisalhos desgrenhados e uma grande barba. Achei até que reconhecia o paletó esportivo que ele estava vestindo. A única novidade na sua aparência era uma migalha na barba, talvez um vestígio do café da manhã, mas não dos meus tempos de faculdade. Estranhamente, aquilo me inspirou certa afeição.

O garçom, um estudante, nos trouxe pão de fôrma e manteiga. Bebericamos água das nossas taças elegantes e demos uma olhada no cardápio. Não perguntei ao meu antigo professor em que estava trabalhando – ele tinha feito pesquisas importantes havia uns vinte anos, mas não me lembro se chegou a publicar alguma coisa durante todo o período de nossa convivência. Contei-lhe, porém, que tinha começado a me informar a respeito da teoria das cordas. Ele estava no início de sua carreira quando tomou conhecimento dessa teoria e ficou surpreso ao saber que alguém ainda estava trabalhando nela. Na minha mente, eu o classifiquei no campo dos esquecidos, em oposição ao campo dos céticos.

– Tenha cuidado na maneira como estrutura sua carreira – ele me alertou. – Não pode ficar pulando de um campo para outro, do contrário vai ter problemas para conseguir seu próximo emprego. Para consolidar seu nome, sua pesquisa precisa apresentar certa coerência.

– Às vezes fico pensando que nunca mais vou publicar outro trabalho – eu disse.

– Isso pode levar tempo. Não entre em pânico.

– Não estou entrando em pânico. Só estou... desanimado.

– Todos passamos por esses períodos difíceis. É parte do processo.

– Talvez eu não tenha vocação para isso.

– Olhe, eu acredito em você. Agüente firme.

– Obrigado.

Ele deu uma risadinha.

– Além disso, o que mais você faria? – perguntou.

– Na verdade, não pensei nisso.

– É claro que não. – Do jeito que ele falou, não entendi se me julgava incapaz de fazer outra coisa que não fosse trabalhar com física ou se simplesmente não existia mais nada além disso.

– Bem, tenho escrito alguma coisa – eu disse, finalmente.

– Escrevendo? – ele parecia perplexo, como se só conseguisse imaginar o ato de escrever como algum tipo de prática de caligrafia. – O que está escrevendo?

– Comecei um roteiro.

– O quê? Está escrevendo um roteiro?

Disse essa frase num ritmo estranho, como se ele fosse meu pai e estivesse dizendo "esse recente procedimento a que você se submeteu foi... uma operação de troca de sexo?".

– Por que diabos você faria uma coisa dessas? – ele perguntou com uma súbita veemência.

– Não sei. Porque eu gosto, acho.

Baixei os olhos para o cardápio. Aquilo estava ficando constrangedor.

– A *vichyssoise* é muito boa aqui – eu disse.

A cena parecia surrealista e nenhuma tentativa desajeitada de mudar de assunto iria me tirar daquela encrenca. Mas eu, o eterno otimista, tentei mesmo assim.

– Sabe, você devia mesmo escolher o seu prato. Daqui a pouco preciso correr para o médico. Tenho uma consulta marcada.

– Olhe – ele disse. – Você deve isso a você mesmo, a mim e a uma porção de gente. Tem que continuar com a física. Investimos horas infinitas no seu treinamento. Anos! Não pode simplesmente jogar tudo isso fora, sem mais nem menos. Seu talento. Seus anos na escola. É um insulto. Um desrespeito! E para quê? Ficção? Lixo de Hollywood? – Seu rosto ficou vermelho. A migalha do café da manhã caiu da sua barba.

A raiva dele me pegou de surpresa. Por um lado, não tinha tido a intenção de anunciar que estava abandonando a física. Por outro lado, sentia vontade de dizer: "Como ousa me dizer o que fazer da minha vida?" No entanto, ele tinha de certo modo tocado num ponto fraco, a minha sensação de ser um inútil. Por que eu *estava* trabalhando em algo tão imprestável quanto um projeto para Hollywood? Tentei bater em retirada.

– Não disse exatamente que queria trabalhar com cinema.

– Por que mais estaria escrevendo um roteiro?

– É um hobby, só isso.

O estudante-garçom aproximou-se.

– Não se esqueça da sua responsabilidade. Você tem um dom. Precisa fazer alguma coisa da sua vida – disse o professor.

O garçom me lançou um sorriso de cumplicidade. Deve ter pensado que se tratava de uma conversa entre pai e filho.

Pedi a *vichyssoise* e uma omelete. O professor também pediu uma omelete, mas evitou a *vichyssoise*. Aparentemente não estava interessado em recomendações culinárias da parte de um intelecto pervertido. Durante o almoço, uma migalha novinha se alojou na sua barba.

Iniciamos uma conversa trivial. Fiquei aliviado quando finalmente chegou a hora e precisei sair para a minha consulta.

Se tivesse encarado aquilo de outra forma, suponho que talvez pudesse ter enfrentado com certo bom humor a investida do professor Migalha-na-Barba, confinado na estreiteza do seu campo profissional, incapaz de valorizar a criatividade dos outros. Mas no momento não via as coisas assim e fiquei realmente aborrecido com a descompostura que recebi. Acabei contando aquilo a Feynman. E, apesar de ele demonstrar algum menosprezo pela literatura moderna, respeitava a figura do escritor, da mesma forma como parecia respeitar todos os esforços que exigiam o dom que mais admirava: a imaginação.

Houve uma determinada época em que eu mesmo pensei em escrever alguma coisa de ficção. É claro que já tinha feito minhas palestras, isto é, eu falava e elas eram gravadas. Mas essa é uma saída muito fácil. Então, numa festa do departamento de língua inglesa, perguntei a eles, só de farra, o que devia fazer para escrever ficção. E um sujeito, a quem eu respeitava muito, um professor, disse: "Tudo o que você tem a fazer é escrever."

Peguei os *Contos para a infância dos irmãos Grimm*. Pensei com meus botões: "Isso não deve ser muito difícil de escrever... Eles podem fazer o que quiserem porque têm anjos e feiticeiras, coisas assim, com todo tipo de mágica. Vou inventar eu mesmo uma dessas histórias."

Não consegui fazer nada que não fosse uma rearrumação do que já tinha lido. Percebi que, infelizmente, quando recombinava aqueles elementos, era incapaz de criar uma trama essencialmente diferente, uma saída criativa, enquanto na história seguinte havia sempre um tipo de surpresa que a distinguia das demais. Mais uma vez, os personagens fantásticos apareciam, mas a natureza da trama era outra, o desfecho era totalmente inesperado... E eu disse: "Não há mais possibilidades aqui." E aí lia o conto seguinte e ele era completamente diferente. Concluí que eu não tinha o tipo de imaginação necessária para inventar uma história nova.

O que não significa que eu não possua uma boa imaginação. Na verdade, acho até que é muito mais difícil fazer o que um cientista faz, compreender ou visualizar o que já existe lá fora, do que imaginar ficção, ou seja, algo que não existe. Para entender realmente o modo como as coisas funcionam em pequena e em grande escala, o que se descobre destoa tanto do que esperávamos que é necessário ter uma imaginação dos diabos para ver isso! Precisamos de muita imaginação para visualizarmos o átomo, para imaginarmos que existem átomos e como eles devem se comportar. E para montar a Tabela Periódica dos Elementos.

Mas, ao contrário do que acontece com um escritor, o cientista tem sempre a sua imaginação posta à prova e verificada. Ele imagina alguma coisa e então Deus diz: "errado" ou "até aqui tudo bem". Deus, é claro, é a experiência, e ele poderia afirmar: "Ah, não. Isto não confere." E você diz: "Imagino que funcione desta maneira. E, se for assim, veremos." Então chegam outros caras, eles olham e não conseguem enxergar aquilo. Isso é ruim. Seu palpite estava errado. Com o escritor não acontece nada disso.

Um escritor ou um artista pode imaginar uma coisa e, é claro, até não ficar satisfeito com aquilo em termos artísticos ou estéticos, mas ele não lida com o mesmo grau de exatidão e inteligência com que um cientista trabalha. Para o cientista, existe sempre esse Deus da Experiência, que pode dizer: "Tudo isto é muito bonito, meu amigo, mas não é real." Essa é a grande diferença.

Suponha que exista um grande Deus da Estética. Então, a cada vez que você pintasse um quadro, não importa o quanto gostasse dele nem o quanto o satisfizesse, ou mesmo que não o satisfizesse, você seria obrigado a submetê-la ao grande Deus da Estética, e ele diria "isto é bom" ou "isto é ruim". Com o tempo, seu problema seria desenvolver um senso estético que se adequasse a esse padrão e não apenas aos seus sentimentos pessoais. Isso é mais parecido com os tipos de criatividade que temos na ciência.

Da mesma forma, a atividade de escrever – ao contrário do que acontece com a matemática e a ciência – não consiste num conjunto de conhecimentos em expansão, no qual tudo se encaixa, um ser enorme, monstruoso, construído conjuntamente por muitas pessoas e que progride. Podemos dizer "a cada dia nos tornamos escritores melhores porque vemos o que outros escreveram antes de nós"? Ou que escrevemos melhor porque outros caras nos mostraram como fazer isso ou aquilo, de modo que agora somos capazes de dar um passo além deles? É assim que acontece com a ciência e a matemática. Por exemplo, eu li *Madame Bovary* e achei maravilhoso. É claro que se trata apenas da descrição de uma pessoa comum. Não posso falar com tanto conhecimento de causa, mas penso que esse livro foi escrito quando começaram a publicar histórias sobre pessoas comuns. Para mim, se os romances de outros escritores se parecessem com esse, seria ótimo. Mas os romances modernos não têm esse tipo de perícia e cuidado, toda essa atenção ao detalhe. Não suportei os poucos em que dei uma olhada.

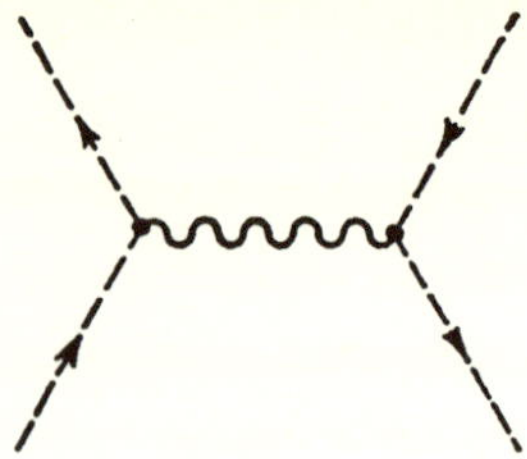

18

Meu médico trabalhava numa pequena clínica na cidade. Como não era longe, fui andando até lá depois do meu almoço com o professor Migalha na Barba. O dia estava bonito e ensolarado. O interior da clínica era ao mesmo tempo anti-séptico e de mau gosto. Embora a consulta estivesse marcada, havia uma espera de 45 minutos pela frente. Enquanto aguardava, fiquei brincando em pensamento com algumas idéias para o roteiro, de um jeito parecido com o que fazia com assuntos ligados à física. Por isso não me incomodei em esperar.

O médico era um homem mais velho, um pouco acima do peso. Seu rosto era redondo e simpático, como um Smiley, aquela bolinha em que vemos a curva de um sorriso desenhada. O fato de ser quase totalmente careca aumentava a semelhança. Eu me sentia à vontade com esse médico, o que vinha a calhar, já que ele estava com as mãos nos meus testículos. Costumo ser bastante criterioso sobre quem eu deixo fazer isso, principalmente em se tratando de um homem.

– Há quanto tempo estão assim? – ele perguntou.

A princípio achei a pergunta até engraçada.

– Assim como? – eu perguntei.

– Com esses caroços.

Caroços? Eu estava confuso. Do que ele estava falando?

– Aqui – ele disse enquanto me mostrava.

Segundo o médico, em termos técnicos, nessa fase são apenas caroços suspeitos, mas aqueles pareciam ser certamente cancerígenos.

Aquilo era raro em alguém da minha idade. E eu tinha um em cada testículo, o que também era raro, tão raro que podia ser objeto de um artigo científico. Julguei ter detectado um certo entusiasmo na sua voz. Afinal, ele fora um presidente de prestígio em sua associação profissional. Mas eu estava sob tamanho choque que não me senti ofendido por sua observação. Tudo em que conseguia pensar era: não, não pode ser isso.

Ele me informou que o passo seguinte seria fazer um exame de sangue para verificar se o nível hormonal estava elevado. Também deveríamos marcar uma conversa com um cirurgião. Senti meu rosto empalidecer. Nesse ponto, seu radar finalmente captou o fato de que eu era um ser humano e não um cachorro sem dono trancado no seu laboratório. De repente ele tentou me animar um pouco. Suponho que, para me consolar, disse o que poderia ser feito se o câncer ainda não tivesse se espalhado: depois que meus testículos fossem removidos, pílulas de hormônio e uma prótese permitiriam que eu levasse uma vida "quase normal". Fiquei imaginando o que o doutor Smiley consideraria "quase normal". Se eu me esquecesse de tomar a pílula, o tom da minha voz subiria uma oitava, o que para mim está longe de ser normal. E como explicar à namorada esses testículos de mentira, "não funcionais"? Não, eu compreendi, a vida nunca mais seria "quase normal" para mim novamente.

Era isso aí. Num instante minha vida tinha mudado. A minha avó materna morreu aos quarenta anos. Ela teve uma espécie de tumor que costuma surgir entre a bexiga e o rim. Sua família era rica, mas isso aconteceu na Polônia nos anos 1930, e não havia muito que pudesse ser feito. Aparentemente sua morte foi lenta e terrivelmente dolorosa. Havia morfina, porém isso também não ajudou muito. Com lágrimas nos olhos, minha mãe contava como ficava ouvindo os gritos de minha avó todas as noites. Ela me falou de certa vez em que tinha dormido na casa de amigos e de como, na manhã seguinte, seu pai a repreendeu por ter abandonado a mãe naquela noite e ignorado o sofrimento de todos. Minha mãe nunca mais saiu com os amigos depois disso. Alguns anos mais tarde, Hitler eliminou sua família, seus amigos e a necessidade de equilibrar suas apreensões. Até hoje ela não se esquece do que sua família sofreu. Eu também não. Até os meus vinte anos, o câncer foi o meu maior terror.

Para mim aquele parecia ser o ano do câncer no Caltech. Feynman enfrentava sua morte iminente fazendo tudo o que o bom senso recomendava para retardá-la, mas também agia com um sentimento de tranqüila resignação. Murray lutara como um louco para salvar a mulher, e foi possível perceber nele tanto o pânico quanto a tristeza. Como eu me comportaria? E quanto tempo duraria? Pensava em todas as ocasiões em que tinha sentido pena de Feynman, enquanto o tempo todo – assim agora me parecia – era eu o coitado.

Quando recebi a notícia, a princípio comecei a caminhar como se estivesse em transe. Se antes já não conseguia me concentrar na física, agora não era capaz de voltar a minha atenção para coisa nenhuma. Tinha dificuldade em acompanhar as conversas mais elementares. Mesmo assim, seguia minha rotina sem contar nada a ninguém. Constantine me chamou num canto e me perguntou se eu estava usando drogas. Acho que Ray tinha certeza disso. Quando eu estava sozinho, sentia pena de mim mesmo. Chorava com freqüência e aquilo às vezes se estendia por horas. Alguns dias depois, quando meu cérebro voltou a funcionar novamente, não houve um só momento em que minha morte não estivesse presente nos meus pensamentos, acompanhada da dolorosa sensação que provocava no meu estômago. A morte tornara-se o centro da minha vida.

Olhei para as oliveiras espalhadas pelo campus e admirei suas belas formas, seu agradável tom cinzento. De repente tudo me parecia precioso. A paisagem, o céu, a elegante linha formada no meu apartamento no ponto em que a parede branco-gelo se encontrava com o teto cor de queijo cottage. Pensei em Feynman contemplando o arco-íris. Agora era a minha vez. Eu procurava desesperadamente aproveitar as pequenas experiências da existência, mesmo aquelas que costumava ver apenas como uma chateação.

Alguns dias depois, meu médico me ligou. O resultado do exame de sangue tinha sido negativo. O nível do hormônio não estava elevado. Alívio. Euforia. Mas logo tudo isso caiu por terra.

– É muito comum o exame dar negativo – ele disse. – Na realidade, não quer dizer nada.

Eu me senti perdido. Estava confuso. Não conseguia compreender o que estava acontecendo.

– Por que pediu o exame se ele não quer dizer nada? – perguntei.

– É a maneira mais fácil de confirmar o diagnóstico. Mas há outros meios. Na verdade, é apenas uma formalidade.

– Vai mandar fazer uma biópsia?

– Não, em geral tiramos o testículo inteiro.

– Mas é nos dois testículos.

– Sinto muito, esse tipo de massa quase sempre indica um tumor maligno – ele disse. Compreendi que eu estava com mais medo do que ele. – Vamos falar disso quando você vier aqui – acrescentou. Com isso ele terminou a conversa. Deus desligou o telefone na minha cara.

O chão sumiu debaixo dos meus pés. Como me deixei levar a essa situação? Eu tinha um Ph.D. em física. Segundo um estudo que tinha lido certa vez, isso significava que, na média, eu era cerca de 25 por cento mais inteligente do que o doutor Smiley. Mas ele era o especialista. Não me restava outra opção a não ser ficar mendigando o seu tempo e as suas explicações. Decidi pegar o carro e ir até à escola de medicina da Universidade do Sul da Califórnia para tentar aprender alguma coisa, encontrar um livro e ler tudo sobre caroços e testículos. Durante o caminho, em meu devaneio alimentei fantasias, imaginando achar uma série de explicações que tiravam o caráter fatal do meu problema. Como quistos. Ou joanetes no saco.

Desgraçadamente, testículos não costumam ser atacados por males desse tipo. Os livros pareciam confirmar a opinião dele.

Quando cheguei em casa, me sentei no pufe. Lá fora o calor do dia estava diminuindo, o sol já havia baixado o suficiente para se tornar agradável em vez de opressivo. A piscina no pátio em frente à minha porta estava deserta, a não ser pelo gato do vizinho deitado sobre o piso de cimento. Atendendo à minha nova inclinação para admirar a vida e a natureza, eu o observei. Como era linda a maneira como ele se abaixava e depois pulava, praticando essa habilidade há muito desaparecida, a antiga arte da caça.

Então percebi que o gato não estava se exercitando sozinho. Ele estava brincando com um ratinho que tinha capturado. Ficava agachado, imóvel, até que o rato tentasse fugir, então pulava e o apanhava. No momento seguinte, soltava o rato e repetia a brincadeira. Em vez de extrair um pouco de calma do espetáculo da Mãe Natureza e de sua delicada beleza, eu me vi recebendo um recado, um tanto deprimente, de que a vida às vezes é uma merda. Aquilo fez com que me lembrasse de Feynman e da sua série de cirurgias para conter o câncer. Mas se Deus estava brincando com Feynman, pelo menos Feynman parecia estar aproveitando seus últimos dias. Não podia dizer o mesmo a respeito daquele pobre rato. Ou de mim.

Ray apareceu.

– Posso ver que há nuvens cinzentas e carregadas encobrindo o Monte Leonard.

Ainda não tinha lhe contado sobre os caroços, mas era impossível esconder as nuvens cinzentas. Então dei de ombros. Ele sorriu.

– Não se preocupe – ele disse. – Doutor Ray trouxe um remédio. Não é exatamente o que costuma ser receitado pelos profissionais da medicina, mas vai servir.

– Para o inferno com os profissionais da medicina – eu retruquei. – Mas acho que estou fumando demais. – De repente comecei a me perguntar se o hábito de fumar maconha tinha alguma relação com os caroços.

– Tem fogo aí? – perguntou, ignorando a minha resposta.

Levantei-me e procurei os fósforos. Ele apanhou uma cópia de um artigo sobre a teoria das cordas e passou os olhos nele. Como a maior parte dos trabalhos de pesquisa realizados por físicos, as folhas estavam cobertas por equações.

– É física teórica, mas parece apenas matemática – ele observou.

– Digamos que seja matemática dedicada a um determinado objetivo – eu respondi.

– Odeio matemática por causa do meu pai – disse Ray. – Ele era engenheiro e conseguiu sair do gueto; estamos falando do gueto hispânico no Harlem, cara. Pode apostar, meu pai acabaria me transformando num engenheiro também. Para ele, aquilo era uma questão de sobrevivência: ou eu aprendia matemática ou iria engrossar as filas do seguro-desemprego. Então meu pai costumava testar minha aritmética. Toda vez que eu dava uma resposta errada, PAU! Ele me batia. E batia para valer, para eu sentir de verdade. Não senhor, com ele não tinha essa história de luva de pelica. Quanto é nove vezes oito? PAU! Quanto é seis vezes doze? PAU! É por isso que odeio matemática e é por isso também que sou bom nela.

Ele acendeu o cachimbo e me ofereceu. Eu estava louco por um pouco daquilo.

– Não, obrigado – eu disse, e logo em seguida me arrependi.

– Meu pai devia ter me forçado a fumar baseado em vez de aprender matemática. Então eu teria crescido odiando maconha e adorando matemática. Talvez me tornasse um físico como você. Não seria nada mau. Bater papo com cientistas famosos, dormir até o meio-dia. Mas, que diabos, eu gosto de recolher lixo! Começo a trabalhar bem cedo e fico ao ar livre. – Ele olhou novamente para o artigo da teoria das cordas. – Aposto que é preciso se concentrar de verdade para fazer um negócio desses.

– É – eu respondi. Percebi que entendia como Ray estava se sentindo. Eu era ao mesmo tempo ele e o pai dele, pois tinha me forçado a estudar aquilo que não queria e batia em mim mesmo quando não obtinha as respostas com a devida rapidez.

Ray me ofereceu o cachimbo de novo. Dessa vez eu aceitei.

19

Andei até à sala de Feynman. Meu jeans estava rasgado no joelho e fazia três dias que eu estava usando a mesma camisa de flanela, mas não reparava nessas coisas. Continuava concentrado na idéia de que Feynman e eu tínhamos finalmente algo em comum: a morte iminente. Talvez pudéssemos formar um grupo de apoio só de dois.

Vi Helen na porta da sala dela batendo papo com um estudante.

– Oi – ela disse quando viu que eu me aproximava.

– Oi – eu respondi. Parei diante das caixas de correio e fingi que procurava no meu escaninho algo entre os dois únicos itens: prospectos anunciando algum produto inútil. Podia ficar ali parado algum tempo, mas não queria que Helen me enxotasse da porta da sala de Feynman. Por fim, o telefone tocou e ela desapareceu em sua sala. Aproveitei para rapidamente ir adiante. Bati à porta de Feynman. Ninguém respondeu. Bati de novo.

– Sim? – veio lá de dentro sua voz abafada.

Abri a porta e entrei. Ele estava sentado no sofá, olhando para a prancheta que tinha nas mãos. Finalmente ergueu os olhos para mim.

– Estou ocupado demais para conversar – ele falou. E como não me movi logo, acrescentou: – Vá embora.

– Tenho uma pergunta sobre física – eu disse.

É claro que não era verdade. Mas se revelasse que o meu objetivo tinha alguma coisa de pessoal eu nunca conseguiria entrar. E com certeza não iria despejar toda a verdade: "Vim bater papo porque nós dois estamos morrendo de câncer."

– Agora, não – ele disse depois de uma pausa.

Seu tom tinha abrandado porque pensava que minha visita se devia realmente a algum problema de física.

– Tá legal, quando podemos nos falar?

– Não sei. Tente na semana que vem.

Na semana que vem não servia. Eu já poderia estar morto. Recuando, eu disse:

– Tudo bem. De qualquer jeito, dificilmente você poderia ajudar. É uma pergunta sobre óptica quântica, e tenho certeza de que você não pensa no assunto há anos.

Um grande amigo meu dos tempos de faculdade chamado Mark Hillery havia conseguido um emprego em Nova York fazendo pesquisas no campo da óptica quântica. Vínhamos conversando por telefone sobre o seu trabalho e o meu na época em que eu estava estudando a teoria das cordas, principalmente nas noites em que o zelador estava ocupado demais para providenciar alguma diversão. Assim como minha decisão de escrever, meu interesse pela óptica quântica não era algo que partilhasse com meus colegas. Em termos intelectuais, seria considerado uma coisa de "baixo nível". Suas finalidades eram demasiado práticas. Mas Feynman gostava de todos os aspectos da física. E ele sempre apreciava um desafio.

Comecei a fechar a porta. Lentamente.

Quando a tinha quase fechado, ele disse:

– Espere.

Agora Feynman estava curioso e, acima de tudo, queria me mostrar que não existia problema no mundo da física para o qual não pudesse oferecer uma contribuição brilhante.

– Qual é o problema? – perguntou.

Ele tinha mordido a isca. Tudo de que eu precisava era arrumar a pergunta. Não seria difícil.

Uma das maiores questões da óptica quântica era descrever como raios de luz de laser se comportam quando penetram num material como o cristal. Por causa da presença do meio material, eles se manifestam de um modo bastante diferente do que fariam no vácuo. Mark e eu tínhamos descoberto que poderíamos usar os métodos empregados na minha dissertação de doutorado – aproximação por meio de um número infinito de dimensões – para obter um modelo de átomos individuais no interior de determinados cristais. E, com algumas hipóteses e muita matemática, desenvolvermos uma teoria mostrando como a luz do laser e o cristal interagem.

Já existia uma teoria que descrevia essas interações, mas ela não tinha sido formulada com base numa teoria dos átomos individuais, como a nossa se propunha a fazer. Em vez disso, fora desenvolvida abordando a rede tridimensional de átomos do cristal como um meio contínuo com certas macropropriedades medidas através de experiências. Se o cristal fosse uma xícara de água, então a antiga abordagem consistiria em compreender a água dentro desse recipiente como um líquido com determinadas propriedades macroscópicas, como densidade, viscosidade e índice refrativo (uma medida de como ele desvia a luz), e também em ignorar o fato de que, na verdade, ele é feito de coisas microscópicas chamadas "moléculas de água". Começaríamos com essas moléculas e depois deduziríamos tudo o mais com base nisso. Se pudéssemos realmente "deduzir" todo o restante, então, uma vez que não ignorávamos os "detalhes", nossa abordagem seria claramente superior.

Mas executar o que estávamos propondo era algo muito mais complicado do que a antiga abordagem. Para realizar aquilo, precisávamos fazer nossas próprias aproximações com o objetivo de simplificar. A mais importante seria empregar meu método relacionado às infinitas dimensões. Uma vez que tanto o modelo antigo quanto o nosso envolviam aproximações, nenhum era por si só um método melhor. Ainda assim, pensávamos que refazer a teoria do nosso jeito poderia conduzir a alguns novos insights no campo da física. A exemplo do trabalho de Feynman sobre o hélio líquido, essa teoria seria um modelo criado para uma determinada situação e não uma teoria fundamental como a cromodinâmica quântica ou a teoria das cordas. Mas parecia interessante, por isso estávamos trabalhando naquilo.

Mark comparou nossa teoria à teoria convencional e me ligou certa noite para informar que elas não coincidiam. Dei uma olhada num texto de 15 anos atrás no qual a teoria antiga fora apresentada pela primeira vez e, estava claro, os resultados que havíamos obtido, ainda que similares, diferiam dela. Era óbvio que uma das teorias estava errada, e nós concluímos que era a nossa. Ou tínhamos cometido um erro matemático num ponto qualquer ou partido de alguma pressuposição equivocada. Encontrar esse erro seria um excelente problema para discutir com Feynman.

Ele imediatamente captou a idéia que estava por trás da nossa teoria, provando que, de fato, não havia nenhum problema no mundo da física ao qual ele não pudesse acrescentar um insight brilhante. Na verdade, durante a meia hora seguinte ele me ofereceu uma visão mais profunda sobre aquele tema do que eu havia sido capaz de obter nos dois meses em que tinha remoído o assunto. Devia ter ficado desanimado ao ver a facilidade com que ele superava meus pensamentos. Em vez disso, me senti estimulado porque Feynman gostara da nossa idéia.

Então lhe contei sobre o conflito com a outra teoria.

– Você entendeu a teoria deles? – ele perguntou.

– Eu li o trabalho. Acompanhei a maior parte do raciocínio.

– Acompanhou? Só porque acompanhou alguém não quer dizer que esteja indo pelo caminho certo. Quando você mesmo é capaz de deduzir as coisas, então as entendeu. E talvez até acredite naquilo. – Após um momento ele acrescentou: – É claro que você pode chegar à conclusão de que é tudo besteira. Eu suspeito de que seja, porque para mim está parecendo que vocês dois fizeram tudo corretamente.

– Mas essa teoria está aí há mais de 15 anos – eu observei.

– Está certo – ele disse. – Não é apenas uma besteira, é uma velha besteira.

Eu ri.

Não chegamos a falar sobre nossas mortes iminentes, mas aquilo não deixava de ser um grupo de apoio. Aquele breve intervalo em que tivemos nossa conversa me proporcionou uma fuga da minha constante preocupação com o câncer. Quando estávamos falando de óptica quântica, o mundo parecia maravilhoso e estimulante. Tive a impressão de que Feynman achava a mesma coisa.

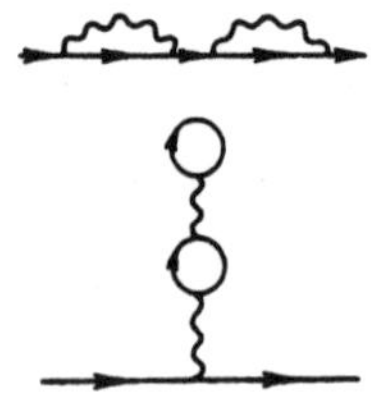

20

Já era o momento de ver novamente o doutor Smiley. À medida que me aproximava da clínica, meu estômago foi se contraindo. Quando cheguei lá, eu devia estar pálido e parecendo indisposto, porque dessa vez não me fizeram esperar. Fui levado imediatamente a uma sala de exames e informado de que poderia me deitar e descansar, se quisesse. "É isso aí, agora estão me tratando bem", pensei, "porque estão com pena de mim."

Deitado naquela cama coberta apenas com uma toalha de papel, comecei a imaginar todos os procedimentos terríveis que o futuro me reservava. A cirurgia, é claro, era atroz demais para que eu conseguisse pensar nela. E depois os intermináveis exames, injeções, raios X e talvez radiações ou quimioterapia, que significariam mais mutilações internas. Náuseas pavorosas, perda de todo o cabelo, até das sobrancelhas e dos cílios.

Alguns minutos depois meu médico abriu a porta. Eu me sentei, sentindo de repente a adrenalina correr pelo meu corpo. Ele pareceu surpreso por me ver sozinho. Começou a sair da sala.

– Doutor? – eu chamei.

– Pedi uma avaliação – ele respondeu. – Eles são os melhores que temos. Volto num minuto.

E se foi. Seu tom tinha sido sombrio. Fiquei imaginando o que isso queria dizer. O que eu iria enfrentar? Estava perturbado. O pior era não saber o que estava acontecendo. Tornei a me deitar.

Quando voltou, trouxe com ele não um, mas dois especialistas, além de um atestado, que, eu concluí, só podia ser do entusiasmo com que encarava minha doença. Estava me exibindo. Três homens sérios estavam ali conferenciando a respeito das minhas bolas. Ao contrário dos físicos, eles vestiam jalecos brancos. Por alguma razão, isso tornou a história toda ainda mais assustadora. Como se fizessem isso para se isolar do meu corpo amaldiçoado.

Um especialista murmurou alguma coisa para o outro. Os dois concordaram com a cabeça.

O primeiro deles saiu e o outro olhou para mim.

– Você tem caroços – ele me disse. – Mas isso não é câncer. Eles não são sequer tumores. Você está ótimo.

Olhei para ele e por um momento me senti aliviado. Meu corpo inteiro relaxou como se tivesse recebido alguma espécie de injeção. Lágrimas vieram aos meus olhos e depois rolaram pela minha face. Olhei para o doutor Smiley. De repente me peguei pensando: "Você disse que os caroços eram malignos. Por que esses outros caras estão afirmando que não há nada de errado? Eles têm raios X nos dedos? Que espécie de medicina você pratica? Vence o diagnóstico da maioria?"

Essas perguntas deviam estar escritas na minha testa, pois o médico começou a respondê-las.

– Os caroços são iguais dos dois lados – ele disse.

– São como imagens num espelho – explicou o especialista. – Tumores nunca cresceriam desse jeito. Você deve ter nascido com isso. Você está bem. Nenhum outro médico tinha percebido isso antes?

Não, a paisagem dos meus testículos até agora tinha sido um território virgem.

O doutor Smiley pediu desculpas e – pelo menos para eles – isso foi tudo. Eu, no entanto, mesmo alguns anos depois desse episódio, continuei a recear que o segundo diagnóstico estivesse errado. Qualquer reportagem que eu lesse sobre câncer nos testículos fazia meu estômago protestar e eu empalidecia. Precisava me sentar para não desmaiar. Os médicos me olhavam de um jeito estranho quando, numa consulta sobre um problema completamente diferente, eu lhes pedia, só por via das dúvidas, que verificassem meus testículos.

Finalmente superei isso. Tenho consciência de que, se o primeiro diagnóstico estivesse certo, eu já teria morrido há muito tempo. O problema nos meus órgãos genitais era congênito. Eu tinha sido salvo pela simetria.

21

No carro, voltando para casa, sentia tamanha euforia que, por pouco, não provoquei dois acidentes graves no caminho. Imaginei como seria irônico eu morrer logo depois de saber que não estava morrendo. Para morrer não é preciso um câncer. Podia acontecer assim, por causa de um momento de descuido. Você entra no carro. Está doente, em estado terminal, mas não sabe até o momento em que pisa fundo no freio.

Tentei me controlar, mas, depois de ter visto o médico, eu estava a mil. Deve ter sido algum tipo de liberação de hormônios. Poderíamos ficar ricos se engarrafássemos isso, mas provavelmente logo seria declarado algo ilegal. Com certeza, isso fazia com que eu tivesse dificuldade para me concentrar na estrada à minha frente. Também deve ter me afetado psicologicamente, pois, agora que meu sofrimento havia terminado e eu não devia estar ansioso para falar com alguém, justamente nesse momento, sentia uma súbita vontade de contar todas as coisas pelas quais tinha passado.

Comecei com Ray. Eu o encontrei caminhando ao lado da piscina, parecendo ter acabado de tomar uma ducha depois de um dia inteiro lidando com lixo. Enquanto ele me escutava, seu rosto se contorcia numa série de caretas, como se por alguns segundos Ray tivesse passado por todos os estágios do meu tormento: choque, incredulidade, raiva, depressão, resignação e, então, alívio. Ele me deu um forte abraço. Senti sua barba me espetar, como uma lixa fina sobre o meu rosto. Pude sentir o cheiro de talco, misturado com um odor sutil, remanescente do cheiro azedo do lixo. Ao me soltar, tudo o que Ray disse foi:" "Que bom que você está bem."

Decidimos que eu devia tirar uns dias de folga. Ray também. Bem, pelo menos um dia. Festejamos até tarde da noite. Na manhã seguinte ele me ligou, de ressaca. Continuava se sentindo alegre por minha causa e festejamos por mais um dia. Fizemos tudo de que gostávamos, numa espécie de celebração da vida. Isso queria dizer pizza no café da manhã, hambúrgueres no almoço e pizzas e hambúrgueres no jantar. Com direito a uma porção de baseados, cervejas e cigarros entre uma coisa e outra.

Ao anoitecer, Ray anunciou a sua própria notícia bombástica. Ele estava indo embora. Ia se mudar para Bellevue para ficar perto do seu novo amor, a mulher da Microsoft. Ela dissera que eles podiam morar juntos na sua casa por uns tempos até que ele conseguisse um emprego. Ray estava pensando em deixar de lado a vida de lixeiro para aprender a programar computadores. Iria finalmente pôr o seu dom para a matemática a serviço de alguma coisa. Acho que já era hora de parar de punir a si mesmo e ao seu pai.

Foi engraçado perceber como a minha bolha de euforia pôde murchar tão rapidamente. Já estava me sentindo sozinho e a idéia de que a pessoa que havia se tornado meu amigo mais íntimo na cidade iria desaparecer me provocava vertigem. Devia ter me sentido feliz por ele, mas o efeito foi o de outro soco no meu estômago.

Na manhã seguinte estávamos os dois doentes por causa daquela maratona de comemoração. Ray me ligou novamente de ressaca. E eu passei o dia na cama, mastigando aspirinas e bebericando chá, considerando a questão: *Agora que ganhei de volta minha vida, o que devo fazer com ela?*

Lá fora fazia um calor sufocante, estava "anormalmente quente", como tinham dito no rádio. Talvez, mas era um lembrete de que o verão estava se aproximando. O ano letivo logo iria terminar. Pensei no que tinha feito e no que não tinha feito. Não havia realizado muita coisa. Nenhuma grande descoberta, nem sequer algo que fosse publicável, a não ser que Mark e eu concluíssemos nossa teoria sobre óptica. Mas eu ainda estava vivo. Voltei a pensar em minhas conversas com Feynman. Sempre achei as noções de vida e carreira muito complicadas. Ele fez com que tudo parecesse simples. Se um macaco podia conseguir, eu também podia, Feynman dissera. Mas eu não era um macaco. Estava preocupado. Não sabia como tudo iria terminar. Compreendi que isso provavelmente não acontecia com os macacos. É isso o que aprendemos à medida que ficamos velhos, que as coisas não são tão complicadas ou importantes como pensávamos?

Quando voltei ao Caltech, descobri que tinha perdido grandes novidades. Eram sobre Constantine. Nós dois nunca voltamos a falar sobre a possibilidade de trabalharmos juntos. Seu período de pós-doutorado já estava terminando e ele tinha arranjado um novo emprego em Atenas, para começar no outono. Essa era uma das novidades, mas não a grande novidade.

Constantine depositara as esperanças de se tornar famoso por seus cálculos computadorizados da massa do próton baseados na teoria da cromodinâmica quântica. Agora corriam rumores de que ele não tinha transcrito o problema para o computador de uma maneira honesta. Não existe uma única e incontestável forma de se traduzirem equações do espaço contínuo real da teoria matemática para uma treliça, uma rede finita de pontos, com a qual o computador possa trabalhar. Por isso a teoria das redes é tanto uma arte quanto uma ciência. Você tenta seguir princípios aceitos sobre o que faz sentido em termos de confiabilidade e precisão. E então deixa o computador moer aquilo tudo. O trabalho com esse tipo de teoria é mais difícil de ser checado do que um trabalho puramente matemático porque, apesar de podermos acompanhar o modo como o problema é apresentado, não conseguimos seguir mentalmente todos os passos dados pelo computador enquanto ele realiza um cálculo. Segundo os boatos, Constantine tinha trabalhado de trás para a frente: sabendo de antemão qual era a massa do próton e recorrendo aos parâmetros de como tinha montado seus cálculos, programara a experiência para obter a resposta certa. Talvez seja uma diferença sutil, mas é importante que isso seja revelado.

Constantine não estava negando o fato. E fingia não se importar muito com a repercussão do caso. Limitava-se a agitar os braços e afastar as objeções com a mesma segurança que fazia ao discutir política grega ou americana. "Por que tanto barulho?", ele perguntava. "Usei o que sabia para melhorar o desempenho do meu modelo feito com o computador. Todo mundo faz isso." Mas ele tragava os cigarros muitas vezes. Eram tragadas rápidas, que não sugeriam nenhum prazer.

Eu me senti triste por ele. Mas também um pouco aborrecido. Constantine era meu amigo e eu confiara nele. Continuava a achar que merecia confiança num plano pessoal, mas seria difícil voltar a sentir o mesmo respeito que tinha tido por ele. Não cheguei a lhe falar do terror provocado pela suspeita do câncer.

Mas eu queria contar isso a Feynman.

Usei o truque da caixa do correio para que Helen não me visse e entrei diretamente na sala de Feynman depois de uma rápida e burocrática batida na porta. Ele estava deitado no sofá, descansando, e pareceu não se incomodar com a interrupção.

Para quebrar o gelo, mencionei a controvérsia em torno de Constantine. Ele se limitou a dar de ombros.

– Não li o trabalho dele. Não conheço o suficiente a respeito. O que quer que eu diga?

– Pensei que iria dizer algo como: "Que filho da mãe! Ele fez aquilo porque achava que o que importa é o sucesso, não a descoberta."

– Ora, não! Não vou psicanalisar o sujeito. Mas o que devia incomodá-lo mais do que a questão de seu amigo ter ou não trapaceado é o fato de que um bocado de gente leu o trabalho dele e foi incapaz de perceber a diferença. Muitas pessoas aí fora não mantêm uma postura cética nem compreendem o que estão fazendo. Elas só estão seguindo o rebanho. Este é o nosso problema: temos seguidores demais e poucos líderes.

Eu me sentei. Não agüentava mais falar sobre Constantine. Queria conversar sobre mim. Contei a Feynman a minha história a respeito do câncer.

Ele balançou a cabeça.

– Pelo menos um físico idiota não prejudica ninguém, a não ser a si mesmo. Para você ter uma idéia, encontrei um monte de médicos que diziam que não podiam me operar. Depois achei o único médico no país que tinha peito suficiente para tentar. Foi uma cirurgia muito longa. Bastante extensa. É claro que existe a possibilidade de ele ter deixado escapar alguma coisa. Nunca se sabe. Vamos ter que esperar para ver. – Ele fechou os olhos.

Olhei para Feynman, parecia esgotado naquele dia. Seu rosto estava pálido, magro e enrugado. Pela primeira vez eu o vi não como um físico, ou uma lenda, ou como o meu colega do fim do corredor, mas simplesmente como um homem velho.

Ele abriu os olhos. Eu estava olhando para ele.

– Você está pensando que eu não pareço nada bem – ele disse.

– Não, você está bem – eu menti.

– Não tente me enrolar. E sabe de uma coisa?

– O quê?

– Você também não parece nada bem.

Eu sorri.

– Passei por algumas semanas bem ruins. – Decidi não mencionar os dois dias de farra.

Ele deixou escapar um sorriso maroto.

– Talvez com alguma exaustiva comemoração no final?

Sorri de volta.

– É. Um pouco. Com Ray. Lembra dele?

Feynman assentiu com a cabeça. Ele obviamente tinha gostado de Ray. Depois começamos a falar de como as surras que o pai de Ray dera nele o tinham feito odiar matemática.

– O meu filho Carl e eu adoramos conversar sobre matemática. – Feynman se animou, como se tivessem lhe injetado uma dose de energia. – E ele é muito bom.

– Eu e meu pai jamais falávamos de matemática – eu disse. – Ele nunca passou do segundo grau. Os nazistas não deixaram. Mas sempre adorei resolver problemas de matemática. Gosto de pensar intensamente. E gosto da sensação que sentimos quando compreendemos alguma coisa ou quando criamos uma idéia nova.

– Bem, então essa é a resposta que você andava buscando, não é?

– O que quer dizer?

– Quando conversei com Ray, ele disse que tinha perguntado por que você gostava de física e que você não soube o que responder.

– Ah, sim. – Estava um pouco constrangido pelo fato de Ray ter revelado isso a Feynman.

– Bem, você descobriu. Você é atraído por ela porque gosta de pensar muito, gosta de ser criativo e de resolver problemas.

– Não acho que isso seja a resposta – eu disse.

– O que quer dizer com isso? Que *você* não acha que essa seja a resposta? Não é a minha resposta. Essa é a sua resposta. – Ele parecia impaciente. Era assim que ficava quando a gente não entendia as coisas com a rapidez que esperava. Tentei me explicar.

– Muito bem, eu disse isso, mas não pode ser a razão para eu gostar de física porque, na verdade, não se aplica especificamente à física.

– E daí?

– E daí que isso se aplica a uma porção de possibilidades.

– E daí?

Nesse momento, Helen apareceu espiando pela porta.

– Professor Feynman, ele está incomodando? – Ela se virou na minha direção, mas continuou a falar com ele. – Sei que está tentando terminar um trabalho.

– Está tudo bem, Helen – Feynman respondeu. – Ele não estava me incomodando. – E depois disse para mim: – Mas está começando a me incomodar.

– Então parece que cheguei bem na hora – disse Helen. – Vamos, doutor Mlodinow. Notei que depois de parar um pouco diante das caixas de correio você se esqueceu de pegar sua correspondência. – Ela estava me entregando as cartas. Era o fim do meu ardil.

– Helen, me dá só mais um minuto, certo?

Ela fez uma careta, mas, como Feynman não manifestou nenhuma objeção, saiu. Eu me virei para ele.

– Acho que entendo o que quer dizer.

– Muito bem.

– O ano letivo está terminando, logo... se por acaso não encontrar você antes do verão... Só queria agradecer... por tudo o que me ensinou.

– Não ensinei nada a você – ele disse.

– Você me ensinou muita coisa a meu respeito.

– Bobagem. O que eu ensinei?

– Acho que ainda estou descobrindo... mas, como aconteceu agora... você me ensinou um jeito de olhar o mundo, eu acho. E o lugar que ocupo nele.

– Primeiro, em relação a "como aconteceu agora", não lhe ensinei isso, foi você mesmo que concluiu. Não posso lhe dizer qual é o seu lugar, você tem de descobrir por si próprio. Além disso, sou um péssimo professor, então duvido que tenha ensinado alguma coisa a você.

– Muito bem... então obrigado assim mesmo por todas... as conversas. Tenha me ensinado ou não alguma coisa, gostei muito.

– Olhe, já que você insiste em dizer que eu lhe ensinei alguma coisa, acho que deveria submetê-lo a uma prova final.

– É mesmo?

– A uma pergunta.

– Claro.

– Vá olhar para a fotografia de um átomo tirada em um microscópio eletrônico, certo? Não dê só uma olhada por alto. É muito importante que você examine a imagem cuidadosamente. Pense no que ela significa.

– Certo.

– E então responda à seguinte pergunta: isso mexe com o seu coração?

– Se isso mexe com o meu coração?

– Sim ou não. É uma pergunta para sim ou não. Nada de equações.

– Muito bem. Depois eu lhe digo.

– Seja claro. Eu não preciso saber a resposta. Você precisa. É um teste auto-aplicável. E não é a resposta que importa, mas o que você faz com a informação.

Nós nos encaramos. De repente me lembrei da imagem do seu rosto jovem. O homem sorridente e cheio de energia tocando bongô que eu tinha visto na capa de seu livro *The Feynman Lectures on Physics*. Uma pergunta me veio aos lábios.

– Você lamenta alguma coisa?

Feynman não me jogou na cara que aquilo não era da minha conta. Permaneceu parado por um momento. Fiquei imaginando se ele não ia se abrir a respeito de sua frustração com a cromodinâmica quântica. Mas então seus olhos se encheram d'água.

– É claro – ele disse. – Lamento o fato de que não vou viver para ver a minha filha Michelle crescer.

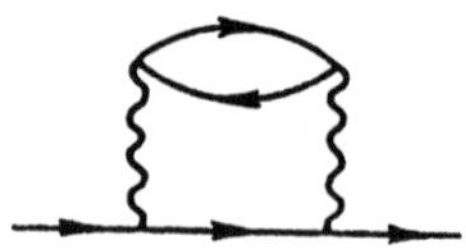

22

De todas as perguntas que fiz a Feynman, a que mais me marcou foi a última: quem é você como pessoa e como o fato de ser um cientista influenciou sua personalidade?

Ele não gostou da pergunta – era psicológica demais.

Mas a respondeu.

Em vista da sua impaciência em relação a quaisquer discussões psicológicas, considerei sua resposta uma concessão preciosa. Para mim era um lembrete de que, mesmo que eu desse uma importância monumental ao sucesso, no fim não era o sucesso o que realmente importava.

> Nem sei o que significa entender alguém no plano pessoal. Ouço pessoas dizendo coisas como "Tenho de descobrir quem eu sou". Não sei do que estão falando. O que posso afirmar é que aprendi bastante a meu respeito estudando biologia. Sei como sou constituído. Tenho uma grande teoria sobre como atuo mecanicamente. Mas isso não é entender a si mesmo no plano pessoal.
>
> Posso dizer que sou um cientista. Descobertas me entusiasmam. O entusiasmo não vem do fato de termos criado alguma coisa, mas de ter-

mos encontrado algo maravilhoso que estava lá o tempo todo. Portanto, as questões da ciência afetam não só cada área da minha vida como também minhas atitudes em relação a uma porção de coisas. Não sei identificar o que é a causa e o que é o efeito. Como sou uma pessoa integrada, não consigo dizer, por exemplo, se é o meu ceticismo que faz com que eu me interesse pela ciência ou se a ciência é a razão do meu ceticismo. É impossível definir isso. Mas quero saber o que é verdadeiro. É por isso que olho para as coisas. Para ver e descobrir o que está acontecendo.

Vou lhe contar uma história. Quando eu tinha 13 anos, conheci uma garota, Arlene. Ela foi a minha primeira namorada. Ficamos juntos durante muitos anos. No começo não era nada sério, mas depois foi se tornando. Nós nos apaixonamos. Quando fiz 19 anos, ficamos noivos, e quando fiz 26 anos, nos casamos. Eu a amava muito. Crescemos juntos. Fiz com que Arlene mudasse um pouco, transmitindo a ela o meu ponto de vista, a minha racionalidade. Ela me fez mudar – e me ajudou muito. Com Arlene aprendi que às vezes é preciso ser irracional. Isso não quer dizer que tenhamos que ser estúpidos, significa apenas que, em certas ocasiões e situações, a gente deve pensar; em outras, não.

As mulheres exerceram uma grande influência sobre mim, fazendo com que me tornasse uma pessoa melhor. Elas representam o lado emocional da minha vida. E eu compreendo que isso também é muito importante.

Não vou me psicanalisar. Às vezes é bom conhecermos a nós mesmos, mas às vezes não. Quando rimos de uma piada, se pensarmos um pouco sobre aquilo de que rimos, vamos acabar percebendo que, afinal, aquilo não era tão engraçado, era idiota, então paramos de rir. Não devemos pensar sobre aquilo. Minha regra é: quando estiver infeliz, pense a respeito. Mas quando estiver feliz, não pense. Para que estragar? Provavelmente você está feliz por algum motivo ridículo e, ao perceber isso, estragará tudo.

Com Arlene eu era feliz. Durante alguns poucos anos vivemos casados e em harmonia. Depois, ela morreu de tuberculose. Quando me casei, sabia de sua doença. Meus amigos me disseram que, já que ela sofria de tuberculose, eu não seria mais obrigado a me casar. Mas eu não estava me casando levado por algum sentido de dever. Eu me casei porque amava Arlene. O medo deles era de que eu pegasse tuberculose, só que eu não peguei. Nós tínhamos muito cuidado. Sabíamos de onde os germes vinham e éramos muito cuidadosos. Havia um perigo real, porém eu não tive a doença.

Portanto, a ciência influencia minha atitude, por exemplo, em relação à morte. Não fiquei furioso quando Arlene morreu. Com quem eu ficaria furioso? Não podia ficar furioso com Deus porque não acredito em Deus. E não se pode ter raiva de uma bactéria qualquer, certo? Por isso não guardava nenhum ressentimento e não precisava sair por aí em busca de vingança. E não sentia remorso porque não havia nada que eu pudesse ter feito a respeito.

Não estou preocupado com o meu próprio futuro no céu ou no inferno. Acho que a minha teoria sobre isso vem da ciência. Acredito em descobertas científicas e, portanto, me vejo de uma forma compatível com essa crença. Agora mesmo acabei de voltar do hospital e não sei por quanto tempo mais vou viver. Cedo ou tarde, é algo que acontece com todos nós. Todo mundo morre. É só uma questão de quando isso vai ocorrer. Mas com Arlene eu fui feliz durante algum tempo. Então, já tinha chegado lá. Depois de Arlene, o restante da minha vida não foi assim tão bom porque, como disse, já tinha chegado lá.

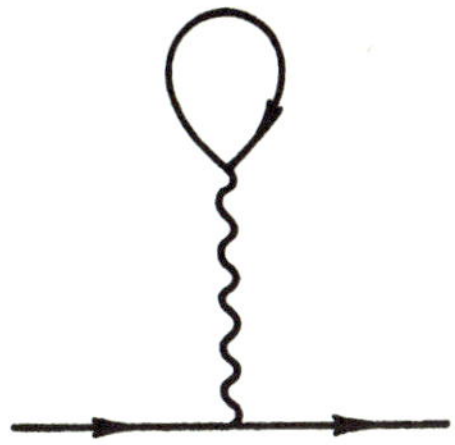

23

O que é importante na vida? Essa é uma pergunta a que todos nós deveríamos dar a devida atenção. A resposta não é ensinada na escola e não é tão simples como pode parecer, pois não conseguimos nos contentar com algo superficial. Para descobrir a verdade é preciso, primeiramente, se conhecer; depois, ser honesto consigo mesmo; e finalmente se respaitar e se aceitar integralmente. Para mim, todas essas tarefas eram difíceis.

Cursei a faculdade e a academia correndo, com pressa de realizar meu trabalho, determinado a provar ao mundo que eu estava vivo e que isso fazia diferença. Era um foco para a vida, mas externo. Esse era o jeito de Murray. Realizar e impressionar. Ser uma pessoa importante e um líder. Era o caminho clássico. Tradicional. Na minha opinião, parecia um objetivo óbvio e valioso. Eu o aceitara sem pensar duas vezes. Mas, para mim, isso era como correr atrás do arco-íris. Pior ainda, era como correr atrás do arco-íris dos outros. Arco-íris cuja beleza na verdade eu não via.

Com ajuda de Feynman, identifiquei outra possibilidade. E, da mesma forma que a descoberta do princípio quântico levou os físicos a reformularem todas as suas teorias, o exemplo de Feynman fez com que eu repensasse o meu caminho. Ele não buscava um papel de liderança. Não gravitava em torno do modismo das teorias "unificadas". Para ele havia sempre a satisfação da descoberta, mesmo que aquilo já fosse conhecido. Essa sensação está lá, ainda que estejamos trabalhando com resultados obtidos por outros para deduzir as coisas à nossa maneira. E ela permanece lá, ainda que usemos a criatividade somente para brincar com nosso filho. É a auto-satisfação. O foco de Feynman era interno, e seu foco interno lhe dava liberdade.

Na classificação de Feynman, nossa cultura é grega. Ela está baseada na lógica e em provas, regras e ordem. Na nossa cultura, pessoas que levam uma vida como a de Feynman, que era um babilônio, são consideradas excêntricas. Para ele, tanto a vida quanto a ciência eram regidas pela intuição, pela inspiração e pelo desprezo em relação a regras e costumes. Ele ignorou os métodos convencionais da física, inventando seus próprios métodos, sua soma de trajetórias e seus diagramas. Também ignorou a cultura acadêmica, criando a sua própria cultura ao comer com os estudantes no Seboso, ao trabalhar nos seus problemas de física em boates de strip-tease e ao realizar pesquisas guiado mais pelo amor do que pela ambição. E, se o seu comportamento não era visto com bons olhos, por que afinal deveria se importar com o que os outros pensavam?

Eu escolhi o caminho de Feynman. Muitas pessoas não têm a sorte de serem possuídas pela paixão por determinado objetivo ou assunto. Outras, como meu pai, um imigrante, estão ocupadas demais com sua simples sobrevivência para fazerem qualquer escolha. Especialmente depois de ter me sentido ameaçado pela morte, passei a não gostar de desperdiçar nenhuma chance. Decidi que, enquanto fosse possível, aproveitaria meu limitado tempo de vida para realizar objetivos que me entusiasmassem, sem ligar se os outros os consideravam importantes ou não. Resolvi jamais esquecer a beleza que existe no mundo da física – e na vida –, seja lá o que essa beleza signifique para mim.

Sabia que teria que correr certos riscos porque não me limitaria a um campo estreito, "coerente", de pesquisas ou mesmo a uma única carreira. Sabia que, não sendo motivado pela ambição, talvez não fosse aceito como igual pelos meus pares, que a perseguiam. Sabia que poderiam olhar para mim com o mesmo menosprezo com que eu tinha encarado o professor Jardinagem ou da mesma forma que o professor Migalha na Barba me olhara. E sabia que, no fim, não obteria o sucesso nos termos convencionais ou materiais que Feynman havia alcançado, ou que minha mãe tinha desejado para mim, ou que Murray parecia disposto a impor à sua filha, Lisa. Mas, pelo menos, com meu foco voltado para dentro de mim, teria minha felicidade sob o meu próprio controle.

Uma vez liberto do fardo das expectativas e dos valores reais ou imaginários que as outras pessoas tinham, foi fácil decidir quais eram as minhas verdadeiras paixões. Deixei de lado a teoria das cordas. Comecei a trabalhar mais no campo da óptica quântica, que vinha pesquisando com Mark. Como mais tarde se confirmou – Feynman tinha razão –, nossa teoria estava certa e a abordagem aceita até então é que era equivocada. Também assumi abertamente minha vontade de escrever. Se Feynman era capaz de ver na beleza a inspiração para a teoria do arco-íris, se um elétron podia se comportar como uma onda e a luz como uma partícula, então a pequena contradição representada pelo fato de Leonard esvoaçar entre diferentes áreas da física ou mesmo entre diferentes carreiras não iria abalar o universo.

À exceção de Feynman, nenhum dos meus colegas no Caltech demonstrou interesse por meu trabalho no campo da óptica. E a maioria deles fazia caretas de deboche quando mencionava o trabalho que eu desenvolvia como escritor. Não demorou muito para eu receber a solicitação de deixar a minha sala ser transferido para o outro lado do edifício. "Murray quer a sala que fica perto da dele para alguém da sua própria turma", disse Helen. Fiquei pensando se a mudança não estaria relacionada às novas atividades pelas quais eu tinha optado. *Mas por que me importar com isso?* Não sabia aonde o meu trabalho na física ou a minha vontade de escrever me levariam. No entanto, estava ansioso para descobrir. Não tinha idéia se continuaria a escrever apenas por hobby ou se passaria a tirar meu sustento dessa atividade, mas esperava vir a escrever alguma coisa que merecesse a admiração de Feynman. Então pensei: "Não, melhor ainda, um dia espero escrever algo que mereça a minha admiração."

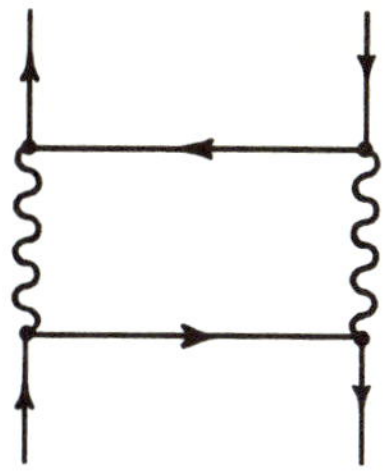

24

Depois que deixei o Caltech, nunca mais vi Feynman de novo, a não ser pela televisão.

Foi no começo de 1986. Embora ele já estivesse enfraquecido pela batalha contra o câncer, aceitou ser o único cientista na comissão presidencial encarregada de investigar a explosão do ônibus espacial Challenger. Sem paciência para seguir os trâmites burocráticos, Feynman correu o país conduzindo sua própria pequena sindicância. Não demorou para detectar a causa primeira do desastre, a qual teria permanecido um mistério não fosse pelo seu zelo investigativo: a perda de elasticidade de uma das juntas de vedação do ônibus espacial ocorrida em baixa temperatura. Essas juntas eram feitas de anéis de borracha. Na reunião da comissão, televisionada em 11 de fevereiro de 1986, Feynman mergulhou um anel de borracha em um copo de água gelada e mostrou que, quando apertada, a peça não apresentava elasticidade. Com essa simples, e hoje famosa, demonstração, ele evidenciou que a responsabilidade pelo desastre cabia em sua maior parte aos administradores da NASA, que ignoraram a advertência dos engenheiros para que adiassem o lançamento por causa da temperatura anormalmente baixa naquela manhã: -1°C (até então, a temperatura mais baixa durante um lançamento tinha sido de +12°C). Feynman, àquela altura um nome famoso, escreveu um relatório sobre suas conclusões que a comissão tentou esconder por considerá-lo excessivamente constrangedor para a NASA. Mas ele insistiu na inclusão do documento, que acabou sendo divulgado como um suplemento do relatório final.

Feynman lutou contra o câncer realizando mais duas cirurgias, em outubro de 1986 e outubro de 1987. Após essa última operação, a quarta a que se submeteu, ele teve dificuldade para se recuperar. Estava agora muito fraco, sofrendo de dores e sendo vítima de freqüentes depressões. Mas a física ainda lhe injetava algum ânimo. Ele continuou a dar um curso de cromodinâmica quântica. E, nos seus últimos meses de vida, finalmente decidiu informar-se sobre a teoria das cordas. Murray lhe ensinou o que sabia num "seminário" particular que realizavam semanalmente.

No dia 3 de fevereiro de 1988, uma quarta-feira, Feynman deu entrada no Centro Médico da Universidade da Califórnia, em Los Angeles. Quando chegou ao hospital, ele não tinha consciência da gravidade do seu estado, mas logo percebeu a situação. Só lhe restava um rim, que agora estava parando de funcionar. Os médicos lhe apresentaram a possibilidade de fazer contínuas hemodiálises, mas com isso sua qualidade de vida deixaria muito a desejar. Não era um caminho que ele quisesse seguir, e recusou o procedimento. Aceitou morfina para a dor e também oxigênio. E se preparou para as conseqüências. Disse que encarava aquilo como a sua derradeira descoberta: saber como é morrer. Contou a um amigo que por volta dos sete anos de idade tinha compreendido que isso um dia iria acontecer e que ele não via muita razão para começar a reclamar do fato àquela altura. Afirmou que acharia a experiência in-te-res-SAN-te.

A vida pouco a pouco foi abandonando Feynman. Primeiro, ele se tornou incapaz de falar. Depois, não pôde mais se mover. E, finalmente, não conseguiu respirar. Acabara de fazer sua última descoberta. Era o dia 15 de fevereiro de 1988, poucos meses antes do que seria seu setuagésimo aniversário. Sobreviveu ao câncer por dez anos, mais do que esperava. E resistiu por tempo suficiente para evitar o que poderia ter sido a sua maior tristeza, pois ele conseguiu viver o bastante para ver sua filha Michelle chegar à idade adulta.

Seis semanas depois da morte de Feynman, uma homenagem póstuma foi realizada no Caltech, uma festiva celebração da sua vida, com um orador após outro subindo ao palco para lembrar aspectos e episódios da sua carreira. O nome de Murray constava do programa, mas ele não apareceu.

Mas ele tinha uma boa desculpa.

Quando Murray estava se preparando para sair de casa e comparecer à cerimônia, uma equipe de agentes federais, usando coletes à prova de bala e equipada com rifles, invadiu sua residência. Por causa do interesse que ele tinha por civilizações antigas e seus objetos, fora levado a comprar bens contrabandeados. Murray teve algumas de suas peças confiscadas, cooperou com os agentes da Receita e, no fim, voou para o Peru, onde foi homenageado pelo seu bom exemplo e recebeu a chave da cidade de Lima.

Murray teve finalmente a chance de prestar uma homenagem pública a Feynman numa edição especial da revista *Physics Today*, publicada como um tributo à sua memória. No obituário, ele escreveu a respeito do estilo de Feynman o que costuma ser classificado como uma "crítica em cima do muro". Nos círculos acadêmicos ligados à física, o artigo provocou alguma perplexidade.

Ele escreveu: "O que sempre me agradou no estilo de Feynman era o fato de não haver nada de pomposo no modo como apresentava suas idéias. Eu estava cansado dos teóricos que travestiam seus trabalhos de uma rebuscada linguagem matemática ou inventavam estruturas pretensiosas para suas contribuições às vezes bastante modestas. As idéias de Richard, muitas vezes poderosas, engenhosas e originais, eram expostas de uma maneira direta, que eu achava estimulante.

Mas outro aspecto bem conhecido de seu estilo me impressionava menos. Ele se cercava de uma aura de mito e despendia grande quantidade de tempo e energia criando histórias engraçadas sobre si mesmo (...) Muitas delas surgiam, é claro, dos casos que Richard contava, nos quais ele geralmente desempenhava o papel de herói e dos quais tinha que sair, se possível, parecendo ser mais esperto do que todos os outros. Confesso que, com o passar dos anos, fui me sentindo cada vez menos à vontade com a sensação de ser um rival a quem ele pretendia superar. Trabalhar com Richard foi se tornando menos agradável para mim porque ele parecia pensar mais em termos de 'eu' e 'você' do que em 'nós'. Provavelmente era difícil para ele se acostumar a colaborar com alguém que não se limitava a exercer o papel de espelho para as suas idéias..."

Murray e Feynman eram rivais. No entanto, fiquei surpreso com a opção de Murray de se mostrar tão duro. Esse é Murray, ainda competitivo, ainda atormentado. Mas prefiro pensar que o verdadeiro motivo que o fez se expressar de modo tão negativo foi o fato de ter escrito o obituário num mau dia. Em todo caso, não acho que Feynman se sentiria ofendido – ele sempre aprovava a decisão das pessoas de serem francas. Ironicamente, na época em que Murray escreveu esse artigo tão crítico, ele estava realizando uma pesquisa de grande importância, baseando-se justamente no antigo trabalho de Feynman sobre a formulação da teoria quântica em termos de trajetórias ou histórias. Logo depois de completar esse trabalho, Murray deixou o Caltech. Hoje ele vive e trabalha em Santa Fé, no Novo México.

Quando Murray saiu do Caltech, John Schwarz não precisava mais dele como mentor, pois, em 1984, juntamente com Michael Green, deu um passo histórico em seu trabalho. Depois de se dedicarem ao problema durante cinco anos, eles encontraram o milagre matemático que procuravam e resolveram a última incoerência que a teoria das cordas apresentava. Isso não a tornou mais fácil de elucidar, mas convenceu muitos físicos importantes – especialmente Edward

Witten – de que apresentava propriedades milagrosas demais para ser ignorada. Como Holmes ou, mais provavelmente, Rockford poderia ter dito: "Coincidência? Penso que não." Em alguns meses a teoria das cordas, motivo de chacotas entre os acadêmicos, foi transformada no que havia de mais quente no mundo da física.

Nos dois anos seguintes centenas de teóricos das partículas pularam a bordo desse barco, escrevendo mais de mil trabalhos de pesquisa. Hoje, os estudos sobre a teoria das cordas dominam o campo das teorias sobre as partículas elementares. Se antes era raro achar alguém trabalhando nessa teoria, depois se tornou raro encontrar um teórico de partículas que não estivesse se dedicando a ela. No final de 1984, Murray conseguiu finalmente "um emprego de verdade" para Schwarz como professor no Caltech. Mas não foi fácil. Um dos administradores chegou a dizer: "Não sabemos se esse homem inventou o pão de fôrma, mas, mesmo que tenha inventado, as pessoas vão dizer que ele fez isso no Caltech, então não precisamos mantê-lo aqui."

Em 1987 Schwarz recebeu uma bolsa MacArthur, de grande prestígio, e em 1997 foi eleito para a Academia Nacional de Ciências. Em 2001 foi agraciado pela Sociedade Americana de Física e pelo Instituto Americano de Física com o Prêmio Dannie Heineman por suas "valiosas contribuições no campo da física matemática". Apesar de toda sua fama, a teoria das cordas é um sistema ainda em construção, que continua longe de ter sido comprovado ou mesmo plenamente compreendido. Schwarz diz que nunca teve motivos para se lamentar, mesmo quando parecia que seu trabalho jamais seria aceito. Também afirma nunca ter tido dúvida de que estava certo. Hoje ele ocupa a antiga sala de Feynman e ainda trabalha na teoria das cordas. O que não se sabe é como vai se sair sem a ajuda de Helen Tuck, que, já com mais de setenta anos, acaba de se aposentar como secretária do departamento.

Feynman não era um fã da teoria das cordas, mas respeitava Schwarz. E por que não? Se havia alguém que não estava seguindo o rebanho, esse alguém era John. Sempre que ouço as idéias de certas pessoas sendo descartadas de forma apressada e leviana ou vejo os objetivos de vida de alguém sendo rotulados de inatingíveis, penso em John Schwarz. E penso em Feynman, pois se existe algo que ele me ensinou foi a importância de nos comprometermos a fundo com aquilo em que estamos empenhados.

Certo dia, há mais ou menos um ano, eu estava dando uma olhada em velhas caixas empoeiradas que tinha guardado em um depósito afastado da cidade. Numa delas, entre velhos papéis da faculdade, encontrei as fitas cassetes que compõem a base das transcrições usadas neste livro. Quando gravei aquelas conversas, não sabia que iria escrever um livro ou mesmo se era capaz disso, mas estava certo de que queria escrever alguma coisa sobre Feynman. Imagino que qualquer pessoa que o tivesse conhecido e que tivesse vontade de escrever sentiria a mesma coisa. Ainda assim, nada fiz, e as fitas ficaram hibernando por mais de vinte anos. Acho que isso aconteceu porque, na época, na verdade não tinha um objetivo claro em mente.

Ouvindo as fitas novamente depois de todos esses anos, senti saudades de Feynman, o professor ríspido e um tanto relutante cujo espírito resistiu até mesmo a um câncer terminal. E senti saudades da pessoa que eu era então, um estudante ávido e ingênuo, com a vida inteira pela frente. Foi quando vi com clareza o objetivo deste livro.

Feynman anunciou o seu próprio objetivo ao publicar *The Feynman Lectures on Physics*, que eu tinha lido num kibutz em Israel muitos anos atrás. Ele escreveu: "O meu maior desejo é chamar a sua atenção para o que este mundo tem de maravilhoso e para a maneira como os físicos o encaram." Essa afirmativa era claramente modesta, já que a visão de mundo que ele transmitiu nos volumes dessa coleção não era apenas a de um físico qualquer contemplando o mundo; era a sua própria visão. É esse o objetivo que espero ter levado adiante ao escrever este livro. Pois Richard Feynman sempre soube como obter o que o mundo tinha de melhor a oferecer e como conseguir o máximo do talento com que Deus ou a mera genética o tinha abençoado. Isso é tudo o que podemos esperar da vida – e, nos anos que se seguiram desde que ele se foi, descobri que essa é uma lição preciosa.

Leitura complementar

Por Feynman:

FEYNMAN, Richard Philipps. *Deve ser brincadeira, Sr. Feynman!* Brasília: Ed. UnB, 2000.

______. *The Meaning of It All.* Perseus Books, 1998. (A ser lançado no Brasil pela Editora Sextante em 2006.)

______. *The Feynman Lectures on Physics.* Addison Wesley, 1998. 3v.

______. *The Character of Physical Law.* Modern Library, 1994.

Sobre Feynman:

GLEICK, James. *Feynman, a natureza do gênio.* Lisboa: Gradiva, 1993.

Com mais ênfase no conteúdo técnico:

MEHRA, Jagdish. *The Beat of a Different Drum.* Oxford USA Professio, 1996.

Por Murray:

GELL-MANN, Murray. *O quark e o jaguar.* Rio de Janeiro: Rocco, 1996.

Sobre Murray:

JOHNSON, George. *Strange Beauty.* Knopf, 1999.

Sobre a teoria das cordas:

Para o público leigo:

GREENE, Brian. *O universo elegante.* São Paulo: Companhia das Letras, 2001.

PEAT, David F. *Superstrings and the Search for the Theory of Everything.* Abacus-UK, 1996.

Para o público com formação superior em matemática e física:

POLCHINSKI, Joseph. *String Theory.* Cambridge University, 1998.

KAKU, Michio. *Introduction to Superstrings and M-theory*, IE-Springer-Verlag.

Por Leonard Mlodinow:

MLODINOW, Leonard. *A janela de Euclides – A história da geometria, das linhas paralelas ao hiperespaço.* São Paulo: Geração, 2004.

Conheça Outros Importantes Títulos da Sextante

Mitch Albom

A última grande lição

Cada um de nós teve na juventude uma figura especial que, com paciência, afeto e sabedoria, nos ajudou a descobrir dimensões mais profundas e a escolher nossos caminhos com maior liberdade. Para Mitch Albom, essa pessoa foi Morrie Schwartz, seu professor na universidade. Vinte anos depois, Mitch reencontra Morrie nos últimos meses de vida de seu velho mestre, acometido de uma doença terminal.

Durante 14 encontros, eles tratam de temas fundamentais para a felicidade e realização humana. É uma lição de esperança sobre o sentido da existência, que transformou a vida do autor e que foi registrada nesse livro como uma dádiva de Morrie para o mundo.

As cinco pessoas que você encontra no céu

As cinco pessoas que você encontra no céu conta a história de Eddie, um mecânico de um parque de diversões que morre no dia de seu aniversário de 83 anos tentando salvar uma garotinha. Imerso numa rotina de trabalho e solidão, ele passou a vida se considerando um fracassado. Ao acordar no céu, encontra cinco personagens inesperados que lhe mostram como ele foi importante.

Esse livro foi escrito para cada um de nós, pois freqüentemente nos sentimos frustrados e inúteis – assim como Eddie – por não termos realizado nossos sonhos. Ele nos faz lembrar que vivemos numa ampla teia de ligações e que temos o poder de mudar o destino dos outros com um pequeno gesto, e nos faz descobrir a importância da lealdade e do amor em nossas vidas.

Dan Brown

Anjos e demônios

Antes de decifrar *O Código Da Vinci*, Robert Langdon vive sua primeira aventura quando tenta impedir que uma antiga sociedade secreta destrua a Cidade do Vaticano. Às vésperas do conclave que vai eleger o novo Papa, ele é chamado para analisar o símbolo marcado a fogo no peito de um físico assassinado num grande centro de pesquisas na Suíça.

Ele descobre indícios de que a assinatura é dos Illuminati, uma poderosa fraternidade que ressurgiu disposta a levar a cabo a lendária vingança contra a Igreja Católica. De posse de uma nova arma devastadora, ela ameaça explodir a Cidade do Vaticano e matar os quatro cardeais mais cotados para a sucessão papal.

Correndo contra o tempo, Langdon e a cientista Vittoria Vetra saem numa caçada frenética por criptas, igrejas e catedrais, desvendando enigmas e seguindo uma trilha que pode levar à única esperança de salvação da Igreja.

O Código Da Vinci

Um assassinato dentro do Museu do Louvre traz à tona uma sinistra conspiração para revelar um segredo que foi protegido por uma sociedade secreta desde os tempos de Jesus Cristo. A vítima é o respeitado curador do museu, Jacques Saunière, um dos líderes dessa antiga fraternidade, o Priorado de Sião, que já teve como membros Leonardo da Vinci, Victor Hugo e Isaac Newton.

Momentos antes de morrer, Saunière deixa uma mensagem cifrada que apenas a criptógrafa Sophie Neveu e Robert Langdon, um simbologista, podem desvendar. Eles viram suspeitos e detetives enquanto tentam decifrar um intricado quebra-cabeça que pode lhes revelar um segredo milenar envolvendo a Igreja Católica.

Apenas alguns passos à frente das autoridades e do perigoso assassino, Sophie e Robert vão à procura de pistas ocultas nas obras de Da Vinci e se debruçam sobre alguns dos maiores mistérios da cultura ocidental – da natureza do sorriso da Mona Lisa ao significado do Santo Graal.

Conheça os 25 Clássicos da Editora Sextante

– *Um dia "daqueles"*, *Querida mamãe* e *O sentido da vida*, de Bradley Trevor Greive

– *Você é insubstituível*, *Pais brilhantes, professores fascinantes* e *Dez leis para ser feliz*, de Augusto Cury

– *O Código Da Vinci*, de Dan Brown

– *Palavras de sabedoria*, *O caminho da tranqüilidade* e *Uma ética para o novo milênio*, do Dalai-Lama

– *Os 100 segredos das pessoas felizes*, *Os 100 segredos das pessoas de sucesso* e *Os 100 segredos dos bons relacionamentos*, de David Niven

– *Por que os homens fazem sexo e as mulheres fazem amor?*, de Allan e Barbara Pease

– *Não leve a vida tão a sério*, de Hugh Prather

– *Enquanto o amor não vem*, de Iyanla Vanzant

– *A última grande lição*, de Mitch Albom

– *A Dieta de South Beach*, de Arthur Agatston

– *Histórias para aquecer o coração*, de Mark V. Hansen e Jack Canfield

– *A divina sabedoria dos mestres* e *Só o amor é real*, de Brian Weiss

– *O ócio criativo*, de Domenico De Masi

– *Em busca da espiritualidade*, de James Van Praagh

– *A vida é bela*, de Dominique Glocheux

– *O outro lado da vida*, de Sylvia Browne

Informações sobre os Próximos Lançamentos

Para receber informações sobre os próximos lançamentos da Editora Sextante, basta enviar um e-mail para
atendimento@sextante.com.br
ou cadastrar-se diretamente no site
www.sextante.com.br

Para saber mais sobre nossos títulos e autores, e enviar seus comentários sobre este livro,visite o nosso site:
www.sextante.com.br

Editora Sextante
Rua Voluntários da Pátria, 45 – Gr. 1.404 – Botafogo
22270-000 – Rio de Janeiro – RJ
Tel.: (21) 2286-9944 – Fax: (21) 2286-9244
E-mail: atendimento@esextante.com.br